谨以此书献给在北京召开的
"第十八届世界美学大会"

美学国际

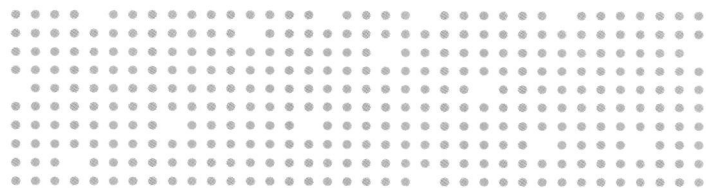

当代国际美学家访谈录

刘悦笛 (Liu Yuedi) 主编

中国社会科学出版社

图书在版编目（CIP）数据

美学国际：当代国际美学家访谈录／刘悦笛主编．—北京：
中国社会科学出版社，2010.7
ISBN 978-7-5004-8901-6

Ⅰ．①美…　Ⅱ．①刘…　Ⅲ．①美学家—访谈录—世界—
现代　Ⅳ．K815.1

中国版本图书馆 CIP 数据核字（2010）第 131268 号

责任编辑　冯春凤
责任校对　修广平
封面设计　回归线视觉传达
技术编辑　王炳图

出版发行	中国社会科学出版社		
社　　址	北京鼓楼西大街甲 158 号	邮　编	100720
电　　话	010—84029450（邮购）		
网　　址	http://www.csspw.cn		
经　　销	新华书店		
印　　刷	北京君升印刷有限公司	装　订	广增装订厂
版　　次	2010 年 7 月第 1 版	印　次	2010 年 7 月第 1 次印刷
开　　本	710×980　1/16		
印　　张	15	插　页	2
字　　数	190 千字		
定　　价	29.00 元		

目　录

Contents

序一

当代全球美学的"文化间性"转向

海因斯·佩茨沃德

在一个某些人宣扬文化间斗争，甚至是"冲突"的时代，我们国际美学协会这个组织所赞同的是——"在文化间架起桥梁"，我们 2007 年在土耳其举行的国际美学大会所确定的就是这个主题。

然而，还存在着另一个重要的语境。在当代哲学中，我们越来越注意到哲学本身的"文化间性转向"（intercultural turn）。这一转向要求我们意识到，并非海德格尔和其他一些哲学家想要使我们相信的那样，哲学只有一个中心和一个起源。事实并非如此。除了欧洲的雅典和罗马以外，我们要考虑，还有起源于印度、中国、非洲以及拉丁美洲的哲学，这些哲学独立于西方哲学之外，可以说与欧洲人的哲学具有同等的价值。我们不能预设一个西方的哲学模式，而必须说明具有设定基本问题的哲学风格和方式的多元性。

这并不意味着赞同一种相对主义或怀疑主义。在这方面，我相信一种可被描绘为"语境普遍主义"的有价值的立场。我们必须将普遍性与语境性结合起来，而不使这两者失去一个共同的基础。据我所理解，拉姆·阿达尔·莫尔（Ram Adhar Mall）的"永恒哲学"公式，并不能为任何单一的文化所拥有，而是一种在全球各个地方的鲜活的存在。

在哲学上的"文化间性"的转向并不意味着弱化哲学与理论的思考。相反，它意味着加强全球不同文化间的联系。有些人，像奥地利哲学家弗兰茨·马丁·维默尔（Franz Martin Wimmer）所说的那样，赞同一种文化间的"杂语"（polylogue）而不是"对话"（dialogue）。来自不同文化的不同的声音，应该被听到，变得可听到，而不是使之沉默。

我给予"国际美学协会"的战略性目标，就是将这种哲学上的"文化间性转向"运用于美学之中。目前，我们所做的还远远不够，还应该沿着这条道路往前走。我们应该继续研究用不同的方式来说明像美、崇高、丑这样一些美学上的核心概念，这是一个特定的文化中的哲学风格的独特特征。我们要讨论美学与伦理学的关系，在从一个文化向另一个文化转移时，是怎样改变的。我们必须将不同的造园艺术的模式理论化，并且去改变联系或分离美学与哲学的方式。这种范式的改变，就我们从一种城市设计文化转向另一个城市设计文化而言，使我们很感兴趣。

这种美学上的"文化间性"转向在近年来在比较美学和跨文化美学的意义下，受到人们普遍的关注。依我所见，这两种方法都没有穷尽文化间性所包含的可能性。比较研究是重要必要的。然而，它不能取代一种美学上与研究者自身联系在一起的有价值和切实可行的立场。换句话说，比较美学研究者必须自己把握自己的姿态。在这方面，跨文化性倾向于低估文化间的差异，使之变成一种潜在的单一范式的变种而已。由于这个原因，似乎就会出现一种短路现象，从而形成对普遍的过度强调。语境性显然就被忽视了。只有当我们对普遍性和语境性赋予同等程度的重视时，我们对不同地方、不同时代的艺术作品的谜一般的本性才能获得有价值的洞察。

我这里的意思，并不是说要将"国际美学协会"改变成文化间性美学的国际组织。然而，美学上的"文化间性"转向是在全球交流时代实践美学的一个突出的方式。我感到，对于我们来说，新的情况是，过去，理论家们是从东往西看，从南往北看。我们今天要改变我们的观点，了解东方过去和现在是怎样看西方的，南方过去和现在是怎样看北方的。

总而言之，我们的努力方向是，为我们国际美学的目标，即"架起文化间的桥梁"积蓄更多的冲击力。一座桥是从岸的一边通向另一边，这样的话，就在两岸之间建起了永久的联系。

"文化间性"转向总是以某种方式导向文化研究，并在各种现代化的模式之间进行区分。没有一种单一的现代化模式可在全世界作为无可争议的规范而起作用。

从这个意义上讲，我相信，我们的努力将会有益于，并推动美学上的文化转向，同时也对它的"文化间性"的运动起推动作用。

（本文为国际美学协会前任会长海因斯·佩茨沃德［Heinz Paetzoed］在"美学与多元文化对话"国际学术研讨会开幕式上的讲话，由高建平翻译成中文，经过作者本人允许作为本书的序言，原文略有删减和改动）

融入"全球对话主义"的中国美学

刘悦笛

中国美学、艺术和文化，正在直面——"全球化"的语境！

从全球化的构成上看，全球化实现的途径主要有四条，这意味着全球化在——"人类"、"民族国家"、"民族社会"、"个人"——这四个相对独立的层面上得以实现。如果说，全球化就犹如一个巨大的世界网络的话，那么，这个网络便是由人类、民族国家、民族社会、个人这些众多的网络环环相扣、错综复杂地交织而成的。正是这四个层面的相互回应、相互制约和相互推动，导致了它们之间关系的交互变化，从而推进了全球化的发展进程。这里人类层面实现的全球化只是在相对意义上提出的，而在民族国家、民族社会领域实现的全球化，则为以往的全球化理论所集中关注，经济全球化、政治全球化就主要出现在这两个层面上。同时，全球化的阻力亦主要存在于民族国家、民族社会的现实运作中。而对个人层面而言，经济和政治全球化的问题便退居次席，文化全球化问题则被凸显了出来，审美和艺术对人的影响首先也是从个体开始的。

全球化的实现要最终落实在个体的层面之上，因为个体是全球化的最为微观的层面。在全球性文化蔓延的语境下，接触到它的个人都深感到一种时空"压缩化"文化现象的存在。在这个意义上说，个人逐步走向了全球化，如社会学家吉登斯（Anthony Giddens）所见，"在高度现代性的条件下，自我认同和全球化中的转型，是地方性和全球性的辩证法的两极。或者说，个人生活中亲密行为方面的变迁，与真正宽广领域的社会联结的建立直接相关……由高度现代性所导入的时空分延的层次如此广阔，以致'自我'和'社会'在人类历史中首次在全球性的背景下交互联结了。"但吉登斯仅仅道出了问题的一面，其实，全球化时代内的个人之独立性亦大大增强了，也就是增强了与全球文化的联系。这是由于，全球化客观上增加了个体认同的选择机会，如对各种共同体的选择面就增加了，使个人主观上的自主性比之从前更加突出。或者可以这样说，全球化越广泛，标准也就越具有全球性，那么，个体的选择便越独立。道理很简单，全球性的标准愈普遍，它所能囊括的特殊性就愈多，这不仅对个人层面适用，而且对民族的选择也适用。

从接受的角度看，全球美学的"本土化"便涉及一种广义的"接受美学"的问题，抑或"文化接受美学"或者"民族接受美学"的问题。如艺术在做全球旅行之后，便会遭遇不同的文化境遇和民族状态，这正是由于本土的接受环境的差异所致。在此，"文化差异"和"文化类同"的问题就被凸现了出来。一般说来，处于地域文化中的人们对待全球文化内容的方式可以分为四种：（1）反抗，（2）共处，（3）接受（消极的认同），（4）真正的掌握。身处不同地域的文化内的个人，对异质性文化内的艺术和审美之接受，也大致可以包括这几种情况。在全球化的时代，应该说，"反抗"的情况应该是越来越少了，但是由于意识形态的作用"反抗"的情况仍是存在的，比如当代宗教激进主义文化对欧美艺术的拒斥正是如此。"共处"的情况也是大量存在的，只要是在本土艺术呈现一定强势的地方，都会同外来的艺术形成这种"共处"的情况。这在当代中国艺术状况那里非常突出，因为从古典艺术到当代艺术的本土资源已经牢牢地植根在本土文化里面，但从古典文化到现代主义的外国艺术，在中国也同样拥有大量的受众。
当然，从"接受"到"真正的掌握"，或者说，从"消极的认同"
到"积极的认同"，对于中国美学、艺术和文化的建构而言都是至
关重要的。在中国，20世纪80年代对西方现代性的美学、现代主
义艺术、现代化的文化的吸收基本上还在全球化的语境之外，90
年代后对后现代主义艺术的吸收，则完全是全球化运动作用于当
代中国文化的结果。

　　质言之，从接受的角度，如上所说的只是"艺术全球化"
的一面：全球文化的"本土化"。从文化内容的角度来看，我则
将之视之为——"全球价值的地域化"（indigenization of global
value）。其实，对人类这种共通规律的寻求，也就是对人类价值
中"公分母"的寻求。当然，这种"可通约性"并不是绝对同
一，即使是同一价值在不同民族的语言表述中也会有不同的表
征。而要想将某种全球价值为不同民族、地域的人们所理解和接
受，就必须实现一种"地域化"的转换。这样，全球价值的地
域化的首要方面，就是通过本土语言的转化使全球价值成为可以
为本民族所消化的东西。只有如此，才能打破民族和国家间的隔
阂，使全球性的东西最终落归到各个地域乃至其中的个体。但这
种语言转换仅是就形式而言的，更重要的，是要将全球价值之内
涵"内化"为民族自身价值的一部分。

　　"全球价值地域化"的过程需要经过如下的步骤。首先是
语言上的沟通与本土化，其次是全球价值内涵的民族化，最后
才能消化与吸收，以适应民族的自身需求。全球价值是为世界
各民族、各地区人们所共同趋成和熔铸而成的，那种根深蒂固
的西方中心主义的观念理应被摒弃。诸如民主等那些原本来自
西方文化的价值观念，确实已上升为全球化的价值系统中的重
要维度，但它们已非在原初的意义上被使用，而是被赋予了全
球性的普遍内涵。这种内涵还包容着世界各地、各民族对它的

迥然不同的理解和阐释。但这种差异性的理解并不存在孰是孰非的问题，而只是对同一文本的不同阐释。同样，作为与西方相对的东方立场，其迫切的责任就是要以某种外在于西方的视角，来质疑和挑战西方的"普世化"原则，从而达到对全球价值的一种共通的理解。

然而，从理论上看，全球化既促进文化"同质性"，又促进文化"异质性"，而且既受到文化"同质性"的制约，又受到文化"异质性"的制约。这意味着，全球化必然包括"世界化"与"民族化"、"同质化"与"异质化"这两个相对而出的过程，而且，这两个过程又是相互作用、交叉影响的。由此推论，艺术和审美的全球化也具有两个"交互性"的方面：一方面是就"地域的"走向"世界的"文化路向而言的；另一方面则是对"世界的"走向"民族的"文化路向来说的。

在全球化的时代，许多地域艺术和审美都经过了一种"世界化"的程序，从而被纳入到全球化的语境里面得以重新定位。从文化内容的角度讲，这一过程包孕着的其实是我所命名的——"本土经验的全球化"（globalization of local experiences）。

"本土经验全球化"首先要将本土的文化经验纳入到全球性的视野，而不只是囿于一种与"世"隔绝的本土经验。如此一来，民族性的东西才有与全球化接轨的可能。这是个重要的前提，许多时候民族文化并不是缺乏全球化的内容，而只是缺少"发现"。而这种发现就需要一种全球视角，用它来返观本民族文化的内蕴时，才会挖掘出各民族文化所包孕着的全球化内容。在此之后，还要从事的是将这种民族化内涵加以"世界化"的工作。由于言说方式、运思方式和建构方式的内在差异，要将民族文化的内容普世化，就必须经由"世界化"的中介，以期将本土内涵为世界各种文化都可以普遍解读（近些年来被关注的中国艺术的"全球流通"、"跨语际写作"便涉及这个问题）。这就涉及文化的原生与传播的问题。必须承认，全球性文化有可能是某几个民族"异曲同工"地共同创造，但一般而言，总是由某个民族"原创"进而得到普世发展，并广泛地为其他民族文化所"涵化"的。这意味着，世界化的最初只能是民族化的，但民族化的并非都能上升为世界化的。最后，要走向本土经验全球化，还要实现语言上的转换，对语言屏障的打破可以为世界化的实施提供坦途，让各民族的文化都熔铸在全球整体当中，当然这里的"语言"是广义的，并不由于单纯的文字语言，还包括美学语言、艺术语言和文化语言。

质而言之，在"文化相对"的基础上，一种"全球对话主义"（global dialogicalism）理应得以倡导。在全球化的历史背景下，无论东西美学、艺术和文化（中国作为东方的重要的代表），都应该在价值观上倡导更为健康的全球化的理念。依据社会学家罗兰·罗伯逊（Roland Robertson）所见，全球化应该包括两个双向的过程，亦即"特殊主义的普遍化和普遍主义的特殊化"。一种健康的全球化，就应该在这种互动之间展开。

一方面，这种全球化不应是为某一文化帝国"单向牵引"的全球化，从而也不同于文化的"同质化"。就目前的情况而言，全球化不等于美国化，进而，全球化也并不等于文化一体化。或者说，这种全球化反对的是西方学者的如下近似的观点："文化同步化的过程与资本主义的扩散，两者自有关联……跨国公司是主要的玩家：当代文化同步化的主要代理人，大多数来自美国的跨国公司，它们设计了模拟全球的投资计划与营销策略。"由此，健康的"文化全球化"其实是与文化绝对一体化相对峙的，它既反对欧洲中心主义造成的对世界文化的统摄和抹平，又不同意仅从某一或某几种文化出发来弥合具有个性差异的全球性的文化整体。这样，它就冲破了后殖民主义者所洞见的

"神奇的东方"式的类似幻象,在总体上弘扬了不同文化之间的类似性和互通性。

另一方面,这种全球化亦没有走向绝对的相对主义,没有使得整个世界的艺术走向零散化和碎裂化,从而无法进行对话和交往;同时,也要强调在对话当中确保"民族身份"的问题。健康的全球化,理应不否认世界内各异质文化的本己价值,而在全球性文化的涵摄下,鼓励各个文化子系统的良性发展,从而以非确定的文化"异"态充实了不同文化的间隙。更为重要的是,这种文化全球化倡导多元文化间"对话"的健康态势和语境。因为它力图根本上消解文化强权带来的不等价基础,而在承认不同文化的外部、内部差异之上提倡相互尊重、相互理解,并彼此进行积极的文化涵化和整合,最终达到多元和谐共处。

全球化进程的加速,提高了民族国家、民族社会的自我意识,巩固了各民族对自身的认同感,"民族身份"的问题随之凸显出来。这是由于,全球化不仅造成本族与他族、他族与他族之间的频繁交往,而且本族自身、他族自身的内部沟通也继续深化了,这些都使民族国家、民族社会愈加认识到自我与他者的不同。实质上,这是一种在全球化之"同"的基础上再认识到的"异",它不同于全球化之前的那种自为的差异,而是一种在全球化氛围内自觉的求"同"存"异"。这种更高层次的"民族身份"已成为全球化进程中的伴生现象,它是各个民族国家、民族社会在新的历史语境内重新认识自我的产物。

如此说来,作为"全球化"的美学、艺术和文化,也要遵循这些文化全球化的原则来加以建构,一面要融入全球化巨潮的怀抱;一面还要标举出自己的民族身份。正如"美学在目前全球化条件下问题的一个方面,是美学在民族或地域环境中的角色和地位的问题"一样,艺术和文化的问题也是如此。处于"全球化"与"民族性"之间，将始终成为当下与未来的美学、艺术和文化建设的张力结构。

这是中国学者的自己的希望，也是世界对于中国的期望……

（中华美学学会副秘书长，韩国艺术哲学学会顾问）

从分析哲学、历史叙事到分析美学

——阿瑟·丹托访谈录之一

刘悦笛^①

[美学家简介] 阿瑟·丹托（Arthur C. Danto, 1924— ），男，当代美国著名的哲学家、美学家和艺术批评家，哥伦比亚大学约翰逊教席荣誉哲学教授，曾任美国哲学协会主席、美国美学协会主席、《哲学杂志》编委会主席，荣休之后目前仍担任美国《国家》杂志艺术批评撰稿人。主要研究分析哲学、历史哲学与分析美学，主要哲学著作包括《知识的分析哲学》（*Analytical Philosophy of Knowledge*, 1968）和《行动的分析哲学》（*Analytical Philosophy of Action*, 1973）、《哲学家尼采》（*Nietzsche as Philosopher*, 1965）和《萨特》（*Sartre*, 1975），主要历史哲学著作包括《历史的分析哲学》（*Analytical Philosophy of History*, 1965）及其扩充版《叙述与知识》（*Narration and Knowledge*, 1985），主要美学专著包括《平凡物的变形》（*Transfiguration of Commonplace*, 1981）、《艺术的终结之后》（*After the End of Art*, 1997）和《美的滥用》（*The Abuse of Beauty*, 2003），主要艺术批评文集为《超越布乐利盒子：后历史视野中的视觉艺术》（*Beyond the Brillo Box：The Visual Arts in Post Historical Perspective*, 1998）。对丹托本人的思想进行研究的著作包括《丹托及其批评者》（*Danto and*

---

① 刘悦笛，男，中国社会科学院哲学所副研究员，中华美学学会副秘书长兼常务理事，《美学》杂志执行主编之一，目前主要研究分析美学和当代文化。

his Critics，1993）和《行动、艺术、历史》（*Action*，*Art*，*History*，2007）。

刘悦笛　丹托先生，您好！非常高兴我们能够进行学术对话。这也许是来自中国的学者与您做第一次这样的交流。希望我们的对话能开诚布公，也希望对我所研究的问题有所帮助。

丹托　好的，愿我们的对话能够加深彼此的理解。

一　"分析哲学史"是发现了哲学分析工具的历史

刘悦笛　您是当今世界上著名的分析哲学家，曾任美国哲学协会主席，那我们就从盎格鲁—撒克逊的哲学传统谈起吧，它始终难以在中国本土位居主流。如果从弗雷格（Gottlob Frege）原创性的思想算起，分析哲学已经横亘并穿越了整个 20 世纪，迄今仍是英语哲学界占据主导的哲学主潮。然而，在分析哲学的旗号之下，却囊括了太过丰富的哲学流派、哲学门类甚至是相冲突的哲学思想，几乎难以将之统合在一起，甚至有论者认为根本就不存在"作为整体"的分析哲学。您在其中也做出了自己的贡献，比如在《行动的分析哲学》（*Analytical Philosophy of Action*，1973）中所做的相关研究，[①] 另一位重要哲学家唐纳德·戴维森（Donald Davidson）就曾对作为同行者的您的"行动理论"（action theory）有所评价。[②] 但是，戴维

---

①　Arthur C. Danto，*Analytical Philosophy of Action*，New York：Cambridge University Press，1973．

②　Donald Davidson，"Danto's Action，" in Daniel Herwitz and Michael Kelly eds.，*Action*，*Art*，*History*：*Engagements with Arthur C. Danto*，New York：Columbia University Press，2007，pp. 6－16．

森认为采取不同描述的行动不能改变其"同一性",而您却相反地把将行动从范畴上区分为"基本行动"(basic action)与"进一步行动"(further action)。像这样如此异质的思想,究竟如何被统一在分析哲学之下呢?

　　丹托　严格地说来,分析哲学并不是一种哲学,而是能够用于解决哲学问题的一套工具。我认为,如果没有哲学问题,那么,这些工具便毫无用处。比如在我的《历史的分析哲学》(*Analytical Philosophy of History*,1965)一书里面,① 我便使用了这种工具去建构历史语言的显著而特定的特征,其结果就是为了去解决历史知识的某些本质性的问题。

　　刘悦笛　这就进入到"历史哲学"的另一个领域了,我们等会儿再讨论。这也是许多学者对您的误解的原因,他们更多把您看作是"历史主义者"(historicist)。其实,您无疑仍是一位"本质主义者"(essentialist)。这从您的《历史的分析哲学》、《知识的分析哲学》(*Analytical Philosophy of Knowledge*,1968)②和《行动的分析哲学》这三本重要哲学著作当中就可以看到。这种本质主义的思路,从您的历史、语言和行动哲学研究直到艺术哲学研究都是一以贯之的,可以说您就是一位使用了分析工具的"本质主义者"吗?

　　丹托　的确如此。我在艺术哲学上的大部分早期作品就都是本体论的,其所追问的是:什么是艺术品,亦即去追问一件艺术品与一件日常物之间的差异是什么? 这也就是说,所追问的是,某物成为一件艺术品的必要条件究竟是什么。如果"x 是艺术品"满足了"x 是 F"的条件,那么,F 就是一个必要条件。这

---

　　① Arthur C. Danto, *Analytical Philosophy of History*, Cambridge: Cambridge University Press, 1965.

　　② Arthur C. Danto, *Analytical Philosophy of Knowledge*, London: Cambridge University Press, 1968.

就是关联所在。

　　刘悦笛　晚期您转向了对"可见物"（visible - material）的哲学研究，这是否意味着，你的研究似乎就与普特南（Putnam）、戴维森、库恩（kuhn）、罗尔斯（Rawls）这些规范的"后分析哲学"（Post - Analytic Philosophy）诸家们渐行渐远了。①好像在共同的哲学道路上，只有纳尔逊·古德曼（Nelson Goodman）才与您有共同的取向。视觉化的对应物而非仅仅是诉诸语言的思想和逻辑，也被视为另一种"构建世界"（Worldmaking）的方式，② 您似乎也有一种在根本上建构"系统唯理论哲学"（systematic rationalist philosophy）的企图。

　　丹托　我利用分析哲学作为工具，目的就是为了发展出一种哲学。

　　刘悦笛　然而，目前分析哲学却面临着能量耗尽的危机，在我看来，这种危机同来自古希腊罗马哲学至今健在的"常青哲学"模式之衰微是有直接关联的。从"以言逮意"的寻求共相到聚焦"语言"本身的分析，这都与关注"得意妄言"与"立象尽意"的中国本土传统形成了对照，后者的"意象思维"也许会如自柏拉图以来的"隐喻"（metaphor）传统一样，给欧美哲学主流带来某种启示。无论东方还是西方，"言"、"意"、"象"在人们的思维当中都是不可或缺的。我这样说的更深层的疑问是：您认为分析哲学"终结"了吗？

　　丹托　在我看来，分析哲学史就是发现哲学分析的工具的历史。在这个意义上，分析哲学可能并没有终结。

　　刘悦笛　此话怎讲？

----

① John Rajchman and Cornell West eds. , *Post - Analytic Philosophy* , New York：Columbia University Press, 1985.

② Nelson Goodman, *Ways of Worldmaking* , Indianapolis：Hackett Publishing Company, 1978.

丹托 那些设计工具的人们——罗素（Russell）、G. E. 摩尔（G. E. Moore）、维特根斯坦（Wittgenstein）等，同时也在发展着哲学。于是，罗素在 1918 年设计出一种形而上学，也就是逻辑原子主义（Logical Atomism）。摩尔努力去解决"善"是如何可定义的问题。但是，他同样渴望拥有一种伦理哲学——从而去回答"何为善"的问题。

刘悦笛 除了伦理学之外的其他问题呢？

丹托 爱的问题、美的问题等，也是一样的。

刘悦笛 在分析哲学高潮过后，你觉得哲学还存在哪些重要的方向可以走下去？在美国，新实用主义者既可以从老实用主义者如杜威（John Dewey）那里获取资源，也有卡维尔（Stanley Cavell）这样的哲学家直接从美国思想源头如爱默生（Emerson）和梭罗（Thoreau）那里吸取养料。您觉得新实用主义可以纠正分析哲学的偏颇吗？它究竟是一个有希望的方向，还是说只是标明了一种哲学的美国本土化的取向？

丹托 如果说理查德·罗蒂（Richard Rorty）是一位新实用主义者，那么，非常重要的是要意识到：罗蒂相信，其实并不存在哲学。无论如何，他的工具，就是要展现出哲学并无用处从而摧毁哲学的工具；他的观点，就是要去替代对哲学的建构而我们尽量去做些有用的事情——诸如帮助人们获得自由，使得他们更幸福地生活。

刘悦笛 黑格尔在如今英美哲学界从被普遍蔑视又被重新发现，这与您重读黑格尔是大有关系的；还有，您早期专论尼采的专著更提升了尼采在英语学界的哲学地位。① 我觉得，在欧洲哲学史上，起码存在着三个重要的嬗变环节：柏拉图（上升式）的"相"论的确立，笛卡尔"我思"的转向，还有尼采（下降

---

① Arthur C. Danto, *Nietzsche as Philosopher*, New York: Columbia University Press, 1965.

式）的"唯意志"的发见。据我了解，后来形成的分析哲学圈拒绝阅读尼采之后的大陆哲学，对海德格尔（Martin Heidegger）更是唯恐避之不及，当代美国哲学家马戈利斯（Joseph Margolis）就曾亲口对我说海德格尔只算一个聪明人，颇具讽刺意味。可为什么您却对尼采情有独钟呢？

丹托　我对尼采感兴趣，那是因为，他是一位语言哲学家（a philosopher of language）、逻辑哲学家（a philosopher of logic）和心灵哲学家（ a philosopher of mind）。

刘悦笛　为什么这样说呢？这令人感到十分奇怪，这也许是您的误读吧。

丹托　尼采也有一些处理哲学的工具，使用最多的则是心理学的工具。例如，他努力去展现出哲学是哲学家们为他们自己设计的自传（autobiographies）的形式。所以，他就是另一种类型的分析哲学家。

刘悦笛　那关于萨特呢，他为何专门研究过这位存在主义者呢？①

丹托　在萨特那里有一种意识哲学（philosophy of consciousness），同样，他也拥有一些工具，亦即本体现象学（Ontological Phenomenology）的工具。所以，他既是存在主义哲学家，也是分析哲学家，因为他构造出了一些工具。例如，他相信本质并不存在。但是他对于语言却很少有兴趣。

刘悦笛　我还是不明白，为何尼采与萨特都成为了您眼里的"分析哲学家"？这恐怕难以服众。我还是想问：为何您所感兴趣的这些哲学家超出分析传统的圈子了呢？

丹托　作为一位哲学家，尼采却对语言非常感兴趣，但是他的工具，我已经说过了，则是属于心理学的。我对这两位哲学家

---

① 　Arthur C. Danto, *Sartre*, London: Fontana Press, 1975.

都非常赞许，但我并不是两者当中任何一位的信徒。我只通过他们所写的书来研究他们的体系。然而，我绝不是一位尼采研究专家或者萨特研究专家。

二 历史叙事理论是以"叙事句"
为核心的分析理论

刘悦笛 转到历史哲学问题，您在此领域创建颇多并被广为承认，我认为，您的主要思想集中在从《历史的分析哲学》到20年后作为修订版的《叙述与知识》（*Narration and Knowledge*，1985）当中。① 众所周知，分析哲学的主流取向是"非历史性"的，非分析哲学家对此的批判尤甚，唯独您走向了历史叙事理论的"空场"，那您自认为最大的贡献在哪里？

丹托 我的最重要的观念当然就是"叙事句"（narrative sentences）的观念了。一个叙事句所描述的是以晚近的某一事件作为参照的一个事件。

刘悦笛 这似乎过于抽象，可否举例说明？

丹托 当我说，"彼特拉克（Petrarch）开启了文艺复兴"的时候，他并没有通过口头宣称或者撰写一本书来这样做。或许，这就是第一个文艺复兴事件。但是，文艺复兴包含了成千上万种活动，其中的一些就包含在彼特拉克具有特定风格的绘画图像当中，而非相关的观点当中。彼特拉克的任何同时代人没有人能够这样做。所以，在同时代人当中，没有人能够说：彼特拉克已经开启了文艺复兴，因为他们缺少的就是所说的知识。因而，一个叙事句是根据未来去描述过去的。

刘悦笛 但是，这种对"叙事句"的"真值"（truth）的

---

① Arthur C. Danto, *Narration and Knowledge*, New York：Columbia University Press，1985.

分析，似乎仍是"非历史性"的，更多是对历史进行叙事的句子进行"时间性"的抽象解析。可以肯定，目击者对这种叙事的"真"的确是无知的，但历史学家认其为"真"的时候，就已经设定了两个分离的时间点。从未来看过去，这种"以今释古"与"前不见古人，后不见来者"的中国本土的那种"向后看"的思维方式也是切近的。

丹托　举另外的例子。我们可以说：伊拉斯谟（Erasmus）是欧洲最伟大的前康德伦理哲学家。然而伊拉兹马斯的同时代人当中没有人能这样描述他。因为没有人知道关于康德的知识。康德出生于两百年之后，之前没有人知道康德的伦理哲学的任何知识；直到康德成为了一位成熟的哲学家之后，他才写下关于伦理哲学方面的著述。所以说，一个叙事句是根据未来去描述过去的。

刘悦笛　您的这种具有现代色彩的观点，显然是将历史哲学"分析化"了，而却并未使分析哲学"历史化"！但您将分析哲学的原则引入到了历史哲学领域，这本身就是一种杰出的创建！

丹托　一旦我发现了"叙事句"，便意识到，历史并不能成为一门科学，因为科学允许预言的存在。而对于历史描述（historical description）具有本质性的"叙事句"则是以一种完全非科学的方式指称未来的。这里，并不存在允许某些预言存在的规则，这就使得历史解释（historical explanations）成为了问题，如果没有适用的规则的话，就是如此。

刘悦笛　这种观点不禁让我联想到了"新历史主义"（New Historicism），想到了那种"历史是文本的"与"文本亦是历史的"之"互文性"（intertextuality）的取向，似乎由此看来历史难以成为严格的科学。从如今的眼光看，司马迁的《史记》其实是比文艺复兴时期作品更符合新历史主义精神的作品。此外，您的这些想法与另一位著名的历史哲学家海登·怀特（Hayden

White）的"元历史"（metahistory）观念存在哪些关联呢?①

　　丹托　海登与我在大学时代是校友，我们的老师也是相同的。但是，我对于他的"元历史"却毫无兴趣。这是因为，他并没有关注到——将历史作为知识的——那种历史表征（historical representation）的问题。"元历史"的观念只是关于修辞的，其所关注的只是人们感觉过去所产生的变化而已。

　　刘悦笛　照此说来，海登·怀特是"修辞"意义上的历史哲学，而您则是"叙事"的语言分析上的历史哲学了。

三　分析美学的发展形成了环环相扣的"三部曲"

　　刘悦笛　谈谈您从分析哲学到分析美学的重要转型吧。因为我为北京大学出版社主编"北京大学美学与艺术丛书"的一个目的，就是想推动分析美学在中国的深入研究。②我发现，从您的哲学到美学的关联起码有三种：其一是分析的基本方法，您自己也承认所从事研究的结构都很像分析哲学的结构；其二是由行动理论的区分可以推演到美学上的"感觉上不可分辨原则"；其三则是历史叙事理论直接为您的"艺术史叙事"理论所借鉴。

　　丹托　我关于"艺术的哲学"（the philosophy of art）的最初的著作是关于本体论的，也就是去寻求某物可以成为艺术品的必要条件。我最初对于美学的关心，实际上就构成了这种诉求的一部分。我得出的结论是，美学并没有成为"艺术定义"（the definition of art）的一部分，作为一条整体性的规则，当哲学家们思

---

　　①　Hayden White, *Metahistory: The Historical Imagination in Nineteenth – Century Europe*, Baltimore: The Johns Hopkins University Press, 1973.

　　②　从分析美学家的著述来看，"北京大学美学与艺术丛书"已出版有门罗·比厄斯利（Monroe Beardsley）的《西方美学简史》，即将出版的是纳尔逊·古德曼的《艺术的语言》和理查德·沃尔海姆（Richard Wollheim）的《艺术及其对象》。

考美学问题的时候，他们所关心的是美。我认为，存在着数不尽的审美特性，但是，它们之中没有一种是具有本质属性的。

刘悦笛　以往美学往往成为哲学的婢女，伟大的美学家首先都是哲学家……

丹托　非常重要的是，应该将美学从艺术的哲学当中分离开来。顺着这一思路，我才能开始按照科学的哲学（the philosophy of science）的方式来探索艺术的哲学。

刘悦笛　但按我的考究，在分析美学研究中，那种"唯科学主义"（scientism）的色彩和倾向仍然很重，这也许是分析美学的整体宿命，古德曼将审美当作一种认识则走得更远。其实，分析美学完全可以借鉴东方智慧来纠偏。当然，这里没有孰高孰低的"价值判断"问题。很遗憾，您没有参加这次在土耳其安卡拉举办的第十七届国际美学大会，还有一位美国哲学家汤姆·罗克莫尔（Tom Rockmore）在其所作的《评论艺术终结》的主题发言当中，试图从艺术与知识的关联来看待"艺术终结"问题。当您反思"哲学对艺术的剥夺"的时候，如何看待这种关联呢？

丹托　我没确定我理解了您的这个问题。或许，您是在问，艺术与知识究竟是什么关联？众所周知，柏拉图攻击艺术的一个重要原因，就在于否定艺术家能知道任何东西。那么，我的观点是，就连科学都不是柏拉图所谈论的那种知识。所以，柏拉图关于知识的观念一定在某些方面出错了。

刘悦笛　这或许关系到艺术与世界的基本关联？

丹托　但在总体上，我觉得，每一件艺术品都在按照一定的方式来呈现世界。也就是说，它呈现了一种意义。这构成了我的艺术定义的一部分。而意义则容许真理价值（truth values）的存在。所以，大概可以这么说，艺术家所传递的是一种知识，或者尽量去传达之。

刘悦笛　在第十七届国际美学大会上，我也有一个英文主题发言"观念、身体与自然：艺术终结与中国的日常生活美学"（Concept, Body and Nature: The End of Art versus Chinese Aesthetics of Everyday Life），试图将艺术终结问题纳入到中国本土视野当中来观照，从儒、道、禅三家思想来审视艺术终结问题。我赞同艺术终结论，并认为观念、身体与自然恰恰构成了艺术未来的终点，"观念美学"、"身体美学"与"自然美学"也由此显现。在现场马戈利斯与我的问答对话当中曾提到，您在《艺术的终结之后》（*After the End of Art*, 1997）中观点有一些微妙变化。①

丹托　从 1984 年发表《艺术的终结》（*The End of Art*）一文，② 直到 1995 年我作梅隆讲座（Mellon Lectures）的这十余年里，我想，我都在不断地修正自己的观点。自从梅隆讲座在 1997 年出版了之后，我也就完成了这种修正。在每一个时期，我对于自己观点的撰写，都要补充一些或者改变一些，但这不过是一种仍在"不断进步的工作"，我的基本观点并没有变。

刘悦笛　在我看来，您的艺术基本观念从《平凡物的变形》（*Transfiguration of Commonplace*, 1981）③ 就被奠定了下来。您在其中提出的"极简主义"（minimalist）的艺术定义——艺术总与某物"相关"（aboutness）并呈现某种"意义"（meaning）——如果被置于"跨文化"的语境当中，我们就可以理解在非西方文化当中的各种艺术及其与非艺术的界限了。

----

①　Arthur C. Danto, *After the End of Art*, Princeton: Princeton University Press, 1997.

②　Arthur C. Danto, "Art After the end of Art," in Arthur C. Danto, *The Philosophical Disenfranchisement of Art*, New York: Columbia Uniersity Press.

③　Arthur C. Danto, *The Transfiguration of the Commonplace*, Cambridge: Harvard University Press, 1981.

丹托 经你这么提醒，我也感到奇怪，自从 1981 年《平凡物的变形》出版之后，我关于艺术定义的观念，基本上没有什么改变。所谓艺术被定义为一种意义的呈现（embodied meaning），无论在何地、无论在何时，艺术一旦被创造出来，它对于每件艺术品来说都是真实的。

刘悦笛 那您觉得东西方的文化多样性（diversity）该如何被考虑进去？在芬兰的拉赫底举办的第十三届国际美学大会上，您在开幕式上的大会发言中也曾强调了东方文化和美学的价值，当时日本著名美学家今道有信还曾为此向您深鞠一躬，你还记得吗？

丹托 是的。但如果在东方与西方艺术之间存着何种差异，那么，这种差异都不能成为艺术本质（art's essence）的组成部分。西方艺术与东方艺术之间的差异，在此并不适用。起码，自从 1981 年以来我所学到的，都不是该理论的组成部分。

刘悦笛 我在北京大学出版社即将出版的《分析美学史》（*The History of Analytic Aesthetics*，2009）专论您的章节当中，①将 1964 年的"艺术界"理论看作您的美学起点；②1974 年的"平凡物变形"说视为"艺术本体论"；③ 从 1984 年到 1997 年您的"艺术终结论"视为向艺术史哲学的推展；2003 年"美的滥用"则回到审美问题并转向了对美的"背叛"。

丹托 《平凡物的变形》，正如我所说的，是关于"本体论"的。这本书是关于"什么是艺术"的。《艺术的终结之后》

---

① 刘悦笛：《分析美学史》，北京大学出版社 2009 年版。

② Arthur C. Danto, "The Artworld," in *The Journal of Philosophy*, Vol. 61, No. 19, 1964.

③ Arthur C. Danto, "The Transfiguration of the Commonplace," in *The Journal of Aesthetics and Art Criticism*, Vol. 33, No. 2, 1974.

是关于"艺术史哲学"（philosophy of art history）的。最后，《美的滥用》（*The Abuse of Beauty*，2003）① 则是直接关于"美学"的。我在这"三部曲"的三个部分当中持续地工作。将它们合在一块，就是我的哲学的活生生的篇章。

　　刘悦笛　谈到生活，您自己也曾说："在某种意义上，当（艺术的）故事走向终结时，生活才真正开始。"② 我个人就主张并赞同"生活美学"，这种美学也是同新实用主义和后现代主义的某些传统是交相辉映的，而今所谓的"日常生活美学"（The Aesthetics of Everyday Life）思潮在欧美学界也越来越热。③ 但我更想从本土传统出发去思考，我们是否能够重建一种崭新的"生活美学"（Performing Live Aesthetics or Living Aesthetics）呢？④ 我也曾在 2007 年 2 月于韩国成均馆大学的演讲中宣讲过，中国美学如何由此走向现代的问题。⑤

　　丹托　的确，非西方艺术（Non - Western art）现在是世界艺术的一部分。它可能将会扮演越来越重要的角色。在今天，纽约就非常需要中国艺术，尽管迄今为止，中国艺术哲学并没有产生太多的影响。我们可以从长久观看一件艺术作品之外得到点什么；但是，我们却不能通过看一页写成的东西而得到任何东西，除非我们能理解语言。

---

　　①　Arthur C. Danto, *The Abuse of Beauty*: *Aesthetics and the Concept of Art*, Chicago: Open Court, 2003.

　　②　Arthur C. Danto, *After the End of Art*, p. 4.

　　③　Andrew Light and Jonathan M. Smith eds. , *The Aesthetics of Everyday Life*, New York: Columbia University Press, 2005; Yuriko Saito, *Everyday Aesthetics*, Oxford: Oxford University Press, 2007.

　　④　刘悦笛：《生活美学——现代性批判与重构审美精神》，安徽教育出版社 2005 年版；刘悦笛：《生活美学与艺术经验——审美即生活，艺术即经验》，南京出版社 2007 年版。

　　⑤　刘悦笛：《中国美学与当代文化产业——在韩国成均馆大学的演讲》，《粤海风》2007 年第 4 期。

　　刘悦笛　但是许多"视觉理论"（visual theory）将绘画就视为一种语言呀！在我撰写《视觉美学史》时发现，许多理论家都持类似的观点。①

　　丹托　是有不少学者将艺术视为一种"语言"，但是这确实是错误的。如果他们是对的，那么，我们就可以较之理解中国艺术而更多地能理解中国语言了。

四　"艺术终结之后"的艺术当代状态

　　刘悦笛　您如今在纽约艺术界已成为了著名的艺术批评家了，似乎大众更认同您现在的这个身份。当然，您也是当代艺术发展的积极介入者和推动者。那么，如何从总体上评价当代艺术状态呢？因为我记得您在"艺术终结之后的艺术"一文中，曾经从总体上描述过 20 世纪末期的艺术——70 年代是个没有单一艺术运动的"迷人的时期"，而 80 年代"这十年则好似什么都没发生"。② 那么，后来呢？

　　丹托　在 20 世纪 90 年代早期，存在着一个短暂的时期，许多人都感觉，表现主义绘画（expressionist painting）已经回归了，但这只持续了几年时间。在这种艺术之后，至少是在纽约，又向多元主义（pluralism）回归，这从 20 世纪 70 年代开始就已站稳了脚跟。这种艺术状态一直持续到了 21 世纪。

　　刘悦笛　这究竟是什么状态，如何更明确地给出描述？

　　丹托　就是不再有任何"艺术运动"。但是，重要的事实是，艺术不再能——按照传统的艺术理论（traditional theory of

---

　　① 刘悦笛：《视觉美学史——从前现代、现代到后现代》，山东文艺出版社 2008 年版。

　　② Arthur C. Danto，"Art After the end of Art," in Arthur C. Danto, *Embodied Meanings*：*Critical Essays & Aesthetic Meditations*，New York：Farrar Straus Giroux，1994.

art）所解释的那样——被生产出来。我感觉，变形（Transfigura-tion）的定义，恰恰诉诸于——艺术已呈现的一种意义。但是，呈现的模式确实是一种运动的特征。对于中国艺术而言，也是如此。

刘悦笛　您认为，艺术与政治的关联是怎样的？特别是在美国"9. 11"事件发生之后，如何看待两者之间的关系呢？我知道，您作为策展人，曾经主办过一次"9. 11 之后的艺术"特展，引起了美国国内的普遍关注。

丹托　在美国，当然存在政治化的艺术（political art）。然而，大多数情况下，这种艺术是抗议美国的对外政策的，特别是对伊拉克的政策。有一些艺术就是对于"9. 11"的直接反映，但是，大多数的艺术表现的只是以一种哀伤的形式出现的。你说到我在 2004 年策划了那个"9. 11"艺术展，是在纽约的翠贝卡区的顶点艺术（Apex Art）画廊举办的。那些抗议艺术（protest art）就本质而言，还没有能让我激起兴趣的，因为它们不过是将悲剧视为悲剧而反映的艺术。

刘悦笛　进入新世纪之后，"艺术终结"理论究竟还有多少合法性？我曾经写过《艺术终结之后》的专著，① 这也是汉语学界第一部关于艺术终结的书，我也曾用这个题目在北京大山子第三届国际艺术节（DIAF）上做过演讲。2004 年，当代美国艺术批评家唐纳德·库斯皮特（Donald Kuspit）还在出版名为《艺术终结》（*The End of Art*, 2004）的专著。② 2007 年，应邀参加中美联合举办的《美国艺术 300 年：适应与革新》在中国美术馆的开幕式，许多致力于艺术史研究的美国学者参与其中，与他们的交流中发现，他们似乎对于您这种哲学化的理解并不怎么认

① 刘悦笛：《艺术终结之后——艺术绵延的美学之思》，南京出版社 2006 年版。

② Donald Kuspit, *The End of Art*, Cambridge：Cambridge University Press, 2004.

同，而对库斯皮特的想法却更为认同一些。

丹托　艺术的终结，正如我所描述的那样，只是一种历史运作的方式。所以，根本就没有合法或者不合法的问题。它只是一种运动，市场膨胀了，艺术家们以虚构的方式又发现了许多表现意义的方式——但是，艺术却完全丧失了方向。

刘悦笛　这是什么意思呢？请您总结一下，这是不是就是您所说的任何可能性在当今的艺术中都是可能的。正像您自己最喜欢的艺术文集《超越布乐利盒子：后历史视野中的视觉艺术》（*Beyond the Brillo Box：The Visual Arts in Post Historical Perspective*，1998）当中所呈现的那样？①

丹托　是的。作为艺术的艺术（Art as art）不知走向了何处。

刘悦笛　这便是艺术的终结？！您与德国著名艺术史家汉斯·贝尔廷（Hans Belting）都聚焦于艺术史的"叙事主体"（subject of narrative）的终结，② 却从未说过终结就是指艺术死亡。但在您提出"艺术的终结"之后，许多的批评者都对此提出了尖锐批评，这一理论从欧美到东方也进行了长途的"理论旅行"，您如何看待大量对您的指责呢？

丹托　没有！我没有读到过对我有所帮助的任何批评意见！不过，我的艺术终结观念的侧重点，并不在于批评的形式自身。至于这些批评的陈述已经出现了不少，但是它们并没有提出任何新的东西。我们已经没法在时间上回到过去的阶段了。仍然真实的是，我们不得不置身于我们的时代，无论我们是否爱这个时代。

刘悦笛　但是，毕竟这个时代已经发生巨变，无论是我们从

---

① Arthur C. Danto, *Beyond the Brillo Box*, Berkeley：University of California, 1998.
② Hans Belting, *Art History After Modernism*, translated by Caroline Saltzwedel and Mitch Cohen, Chicago：University of Chicago Press, 2003.

当代中国文化的转变来看，[①] 还是从美国文化已经获得的文化霸权（cultural hegemony）来看，[②] 都是如此。

丹托 作为一名艺术批评家，我发现，我们所生活的这个时代非常有趣。在今天，我仍没有想成为一名艺术家，但是，如果成为艺术家，就拥有了一种非常有趣的生活，尽管这种生活并不适合我。但无论怎么说，对于艺术的哲学来说，这是一个好的时代。

刘悦笛 在结束这次对话之前，我还有最后一个问题，你介意一些学者将您的理论"误读"为后现代主义理论吗？许多理论都将您的"艺术终结论"视为具有法兰西色彩的"后学"理论，但是您却仍是一位有些"异类"的分析哲学家。

丹托 我并不介意——但是，当他们按照这种方式进行谈论的时候，他们并不知道他们在说些什么！

刘悦笛 谢谢您，希望有机会您能到中国来访问，来亲身看一看您所关注的非西方的哲学、文化和艺术状态。再次感谢！

（刘悦笛译）

---

① 王南湜、刘悦笛：《复调文化时代的来临——市场社会下中国文化的走势》，河北人民出版社 2002 年版。
② 李怀亮、刘悦笛主编：《文化巨无霸——当代美国文化产业研究》，广东人民出版社 2005 年版。

多元主义是艺术宽容的状况

——阿瑟·丹托访谈录之二

王春辰[①]

王春辰　如果多元主义（Pluralism）是一种现实的选择，那么它如何区别于相对主义（Relativism）？

丹托　大致来说，相对主义是关于信仰和实践的一种理论，据说它依赖于且存在于一个给定的文化语境或历史语境，来确证它们的真实性或合法性。随着语境的变化，真实与合法性问题也跟着发生了变化。我认为一个较好的例子就是绘画再现。再现一个人物的某种方式在一个文化或历史语境中被认为真实于现实，但是在另一个语境中就不是。我觉得，当相对主义的观点讲的是绘画意在真实地再现事物，而绘画的技法各有不同时，相对主义意味着它本身是一种好的理论。我们可以思考一下线性透视，据说它是被布鲁内莱斯奇（Brunelleschi）发现的，它第一次被马萨乔（Masaccio）应用。在那个时候之前，艺术家自然想表现空间中的事物，但是他们并没有掌握再现它们的技法，这和他们一旦掌握了透视法之后能够很信服地再现事物是不一样的。这可能也是中国的情况，传教士到中国后才实际上展示给中国艺术家透视法是如何被描绘的。但是我们知道，在那时候，艺术家觉得去再现眼睛所实际看到的事物并不是他们的意图。他们创作的完全

---

① 王春辰，男，中央美术学院美术馆馆员，艺术史博士，目前主要致力于当代艺术批评和策展工作，他是丹托几本重要著作的中译者。

是另外的东西，与此相对，他们的绘画和写生是完全令人满意的。所以，相对主义预设了一套共同的意图。

王春辰　如果多元主义是一种历史性方向，至少在目前，那么不同的区域艺术或区域文化如何被判断？许多人通过教育了解到，或通过学校或书本：好像只有现代主义是评价艺术的判断标准。如果某些艺术过于传统或过于"落后"，那么它就会被贬低或评价不高。即使多元主义被接受为是一种艺术世界的现状，但是对于每一种不同的艺术媒介来讲，如何去判断它们？哪一种代表了当代的精神？如果我们相信历史主义的话。

丹托　多元主义概括了一种没有共同意图的状况。譬如，艺术家可以选择利用西方透视法或使用中国透视法来表现一个景色；可以使用明暗法或忽略明暗法，这是因为他们的意图是表现平面的人物。什么是正确的？这不是有意义的答案。它取决于他们的意图是什么。为了弄懂我们观看的东西，我们需要找到这些意图是什么。多元主义是共同语境中的相对主义。就是说，再现的风格相对于不同的艺术家意图。在西方，现代主义开始于艺术家与其赞助人不满足某些视觉写实主义（optical realism）的时候，不管什么原因。正如我谈到的，不管什么原因，视觉写实主义看起来多少有些落后。当这一切发生的时候，艺术动机就改变了，甚至有些艺术家在同时采取了多种方法。这实际上就是多元主义的状况，但是艺术家及其支持者发现多元主义又相互排斥。他们希望事情只有一种方式。所以就发生了争论、争执。一方称另一方"落后"，另一方则称其对立方是"无政府主义者"。今天，任何人都可以做一切事情。多元主义已经被接受。它完全取决于人们想做什么。

王春辰　如果任何事情都可以，那么人们根据什么立场来判断或评价艺术或对它们进行定性比较？艺术家是否更要关注风格或更要关注内容？在中国的情况似乎是至少在目前内容是进行这类艺术作品批评的决定因素。艺术家考虑的也多是应该画什么，多数人考虑的是政治因素，至少表面上是如此，因为如果他们的作品从中国的语境中根据意识形态的视角来分析，那么这些类的艺术与艺术品就会得到很高的称赞或被接受为是当代性的趋势。但是如果我们把它们放到未来去回头来看，某些作品就会失去它们的光彩或者会被忽略掉，或者说，历史将重写。所以，这是否意味着历史是由语境决定的？而不是被某种李格尔（Alios Riegl）术语上的"艺术意志"（Kunstwollen）的东西决定着？

丹托　多元主义是艺术宽容（artistic toleration）的状况。做到宽容其实很难。但是，又没有如何宽容的客观标准。在中国，传统的笔墨绘画有很大空间，也有单色绘画（monochrome）和多色绘画（polychrome）的空间，也有一切事情的空间，就像纽约一样。我们必须学会彼此相处。越是有更多的选择，世界就越丰富！

（王春辰译）

"我不是后马克思主义者,我是马克思主义者"

——特里·伊格尔顿访谈录之一

王杰　徐方赋①

[美学家简介] 特里·伊格尔顿 (Terry Eagleton，1943—)，英国曼彻斯特大学艺术、历史与文化学院爱德华·泰勒讲座教授，英国社会科学院 (The British Academy) 院士。作为英国当代著名的马克思主义美学家、文学批评家和文化理论家，伊格尔顿先后在剑桥大学、牛津大学任教，曾任牛津大学托马斯·沃顿讲座教授，他的著作已有 10 种中译本，其中《马克思主义与文学批评》(*Marxism and Literary Criticism*，1976)、《二十世纪西方文学理论》(*Literary Theory: An Introduction*，1983)、《审美意识形态》(*The Ideology of the Aesthetic*，1990)、《理论之后》(*After Theory*，2003) 等在国内学术界有广泛影响。伊格尔顿的近期著作包括:《生活的意义》(*The Meaning of Life*，2007)、《怎样读诗》(*How to Read a Poem*，2007)、《神圣的恐怖》(*Holy Terror*，2005)、《英国小说:一个导论》(*The English Novel: An Introduction*，2004)、《甜蜜的暴力:悲剧的观念》(*Sweet Violence: The Idea of the Tragic*，2002)、《文化的观念》(*The Idea of Culture*，

---

① 王杰，男，南京大学文学院教授，南京大学人文社会科学高级研究院教授，南京大学美学研究所所长，现任上海交通大学人文学院院长，主要从事马克思主义美学和美学原理的研究工作；徐方赋，男，中国石油大学外语系教授。

2000)、《后现代主义幻象》 (*The Illusions of Postmodernism*,
1996) 以及《文学理论导论》第三版 (*Literary Theory*, 2008)
等。

    王杰 伊格尔顿教授您好！首先，非常感谢您在百忙之中抽
出时间接受我们的访谈。我想从您的著作《理论之后》 (*After
Theory*, 2003) 在中国的影响谈起。一方面您的这部著作在中国
学术界产生了广泛的影响。我所工作的南京大学人文社会科学高
级研究院 2006 年先后邀请了三位著名的外国文学理论研究专家
盛宁、王宁和张旭东前来讲学，他们不约而同的议题都是您在
2003 年出版的《理论之后》。我很想了解您写这本书的主要意
图。另一方面，中国文学理论和美学界自 2006 年以来开展了一
场关于"审美意识形态"与马克思主义关系的讨论。很有意思
的是这个讨论涉及对 The ideology of the aesthetic 这一概念的理
解。您知道这个概念也是您 1990 年出版的一本书的书名。我是
这本书的汉译者之一，但有学者指出我把书名给译错了。我想请
您谈谈 aesthetic 和 aesthetics 这两个概念的区别。

    伊格尔顿 我认为从意识形态的观点看，美学是一个很含混
的概念。它能服务于统治者的权力，也能够表达艺术作品的力
量，能够表现某种解放了的未来。因此审美意识形态不仅仅局限
于马克思主义，但我可以说，关于审美意识形态的著作大多属于
马克思主义范畴。至于"aesthetics"和"aesthetic"的区别，我
想两者并没有像你刚才所说的那样有很大不同。"Aesthetics"通
常指艺术研究或关于艺术的科学；而"aesthetic"可以作形容
词，比如 aesthetic experience（审美经验）。就作为名词而言，两
者经常可以通用，谈到美学研究或者艺术研究时，我们用"aes-
thetics"；但如果谈到一个人关于艺术的观点，则可以用"his
aesthetic"，即他的艺术观念。我想这是两者唯一的区别所在。

徐方赋　这么说来人们无需为此争论了。

伊格尔顿　我想没有必要为此争论，两个词有一些区别，但这种差别很小。

徐方赋　好的，那这个问题解决了。接下来请您谈谈我们刚才提到的您写作《理论之后》的一些想法好吗？

伊格尔顿　好的。在西方，人们很长一段时间内没有认识到文化理论的高潮已经过去近 20 年。虽然人们感觉上不是这样，但实际上，德里达、巴迪欧等理论家的主要著作离当今社会至少有 20 年之久，而且他们的著作主要同 60 年代末的政治事件紧密相关。某种意义上，理论是那些政治事件的继续，是在这些运动结束之后，让那些观点保持热度的一种方式。因此，我在书中试图提醒人们注意这样一个事实：我们目前谈论理论，实际上是在谈论历史现象；之所以如此，部分原因是理论的兴起同西方左派的上升紧密相关。应该说，20 世纪 60—70 年代是一个乐观的时期。如果你注意一下具体时间，各种主要的理论都产生在这一个时期。所以，在某种意义上，本书是在那些具有永恒价值的东西和变化了的现实之间寻找一种平衡。

徐方赋　那是否意味着这些理论高峰之后出现了一个静止期？

伊格尔顿　20 世纪 60 年代，大量理论产生于当时的政治事件，然后在很长时间内发挥作用，即在那些政治事件之后的大约 15 年左右，所以说这些理论有一种后续力量。但是在目前的条件下，可以说主要理论高峰期已经结束。所以，我的那本书主要是探讨我们将何去何从。我们不能简单地回到那些理论中去，因为这些理论赖以产生的历史条件已经不复存在。因此我们必须重新思考。

徐方赋　那么说"重新思考"便是《理论之后》所体现的核心理念，对吗？

伊格尔顿　我想是这样。

王杰　有学者认为，理论在 60 年代的兴起同当时马克思主义的影响有关。在目前条件下，由于多方面原因，马克思主义似乎面临着某种危机和挑战。在中国，这个问题引起了学术界的普遍关注和讨论，我想了解您对马克思主义进一步发展的可能性是怎么看的？

伊格尔顿　总的来看，西方马克思主义的发展遭到了重大挫折，有些人认为这是前苏联解体造成的。但我想事情并不那么简单，事实上，在 80 年代后期的各种事件发生之前的很长一段时间里，马克思主义在西方已经不再时兴。因而马克思主义的低潮不单单是东欧事件造成的结果，其部分原因是里根和撒切尔执政期间整个西方转向右翼后的政治气候所造成的，这种政治气候使得左翼观点失去了生存的土壤。还有一个原因是西方社会发生了变化。在西方，传统意义上的工人阶级从规模上比以往小了很多，经典意义上的工业无产者正在逐渐消失。此外，还有我们称之为后现代主义的种种变化。后现代主义产生出不同政治利益集团，尤其是我们称之为"认同政治"的各种团体，像妇女解放运动、同性恋运动、民族斗争，等等。由于以上种种原因，马克思主义不再像过去那样具有重要地位了。另一方面，某种反资本主义运动正在西方兴起，这种运动尽管包含马克思主义的因素，但不一定是马克思主义运动。不过我认为，这些运动传承着左翼的传统；而且，从长远意义上看，这种运动将成为广泛的民众运动，特别是它们能够吸引年轻人来参与。西方马克思主义文学批评的低潮同整个马克思主义政治运动的低潮密切相关。在当今社会的历史条件下，我认为西方的霸权主义、西方势力过于强大。因此，如果我们希望看到马克思主义文学批评能够复苏，我想这是可能的，我们就必须把握政治形势的变化。

王杰　我很同意您的看法，要认真研究变化了的社会生活条件。另一方面，我也在思考，怎样才能既适应变化了的社会生活条件又能坚持马克思主义的基本原则和基本精神？我们知道阿尔都塞的意识形态理论是对1968年法国"五月风暴"思考和回应的结果。阿尔都塞的思想刺激了70年代的理论繁荣。随着理论的衰微，"五月风暴"的影响是否也一并消失了呢？今年正好是法国"五月风暴"40周年，我注意到在曼城参加纪念活动的人并不是很多。在您看来，"五月风暴"在今天是否仍然有它的影响和意义？

伊格尔顿 好的。我刚才说到，类似"五月风暴"那样的活动从政治层面上说已经过去，但由此而产生的某些理念、由此而产生的价值观和生活方式的变化却依然延续至今。不过从那以后，西方高等教育日益融入了资本主义体制。在60年代学生运动高涨的时期这两者并不相容，那个时代大学和学生可以作为一种批判力量而存在，大学仍然是一个批判的平台，在那里你可以有批判的空间，我认为现在这种空间是越来越小了。在西方，这成了令学生生活更为悲观的原因。目前，西方各国的大学非常像资本主义的公司，管理上更多地引入公司机制，关注的焦点经常是投资，高校对学生教育采取非常机械的态度，只是进行纯粹的职业教育。这样学生就只好起来反对。上周在曼彻斯特大学有一个关于教育的集会，我看到你们都参加了。你知道学生们关心什么，我想这种情况在世界各地都存在。大学日益融入资本主义体制这一现象从西方开始迅速向全球传播，包括南非、澳大利亚、美国等都是如此，也许在中国也是如此。我想西方各国高校面临的危机是，大学作为批判和讨论中心的传统理念处于被抛弃的危险当中。从这个意义上来说，学生运动的发展是大有希望的。

徐方赋 您认为校方会对学生的要求予以足够的关注吗？

伊格尔顿 我想1968年学生运动就最终迫使政府给予关注。但与此同时，只有当学生的要求与其他人民的要求相联系的时候才会引起重视。我们知道，1968 年"五月风暴"期间，工人和学生形成了一种联盟。我想校方往往非常担心自己的公众形象受损，他们对于这样的公众宣传是十分敏感的。

王杰 中国也出现了马克思主义研究多样化的局面，现在的问题是怎么样发展出一种适应现实要求的马克思主义，这里面无疑有很多问题。近年来中国文学理论界争论比较多的是关于审美意识形态的理解问题。简单地说主要有三种观点：一种观点是在马克思基本理论的框架内用康德式的美学观念来说明文学的本质，认为文学是偏向纯审美的意识形态；其次是用经典马克思主义的观点来看待这个问题，它认为文学是审美意识"形式"，因而审美意识形态是一个错误的概念；第三种是用伊格尔顿教授您的观点来看待文学的本质问题，但是对伊格尔顿教授的观点又有不同的理解。能否请您再比较明确地谈一谈从马克思主义的观点来看，您认为应该怎样理解 ideology of aesthetic 的本质？

伊格尔顿 好的。首先我很吃惊康德式的审美观在中国仍然有很大的影响，因为在西方学术界康德的审美观已不重要了；其次我认为并不存在一种称之为马克思主义文学批评的统一理论。我想马克思主义文学批评存在于不同层面。其中一个层面是对于艺术作品本身意识形态的批评，即对具体作品进行分析。在这个层面上，西方批评家关注的一个重要方面是所谓的"形式意识形态"，也就是说，这种"形式意识形态"并不是文学或艺术作品中的意识形态，它不仅仅体现在作品的内容之中，同时也体现在作品的类型、风格、结构和叙事方式等形式之中。因此我认为，西方对马克思主义文学批评感兴趣的学者一直在关注作品的形式属性同意识形态之间的关系，我想这是一个层面。同时，西方也有学者在研究所谓"文化生产"的观点。这种理论运用了马克思主义关于生产的一般概念，并在此基础上提出了文化生产方式的观点。这种观点把意识形态批评与观众、类型等相联系，简而言之，在这样一种关系中，文化本身就是一种社会机构，它不只是将各种互不联系的文本收集在一起，而实质上，其本身就是一种社会实践。这个观念在我的导师威廉斯的著作中占有重要地位，他认为，文学作品本身是物质现实的社会实践、而不是对其他社会实践的反映。还有一个很有意思的层面是越来越重视读者的作用。过去，大量的文学批评和美学著作，包括马克思主义美学著作，往往更多地关注作品的作者或者是作品的社会语境，但并不关注读者。现在这个情况有所改变，出现了接受理论。我想这个理论中包含一些马克思主义的因素，比如说分析哪些因素影响对作品的接受、哪些社会和历史因素影响对作品的解释等。在我看来，所有这些都可以看作是马克思主义美学的分支。由此可见，意识形态问题可以从许多不同层面进行研究。我认为，即使从经典马克思主义文学批评或者是美学的角度来看，也不存在所谓纯粹的马克思主义学派或方法论，原因在于，一方面文艺批评和美学不是马克思本人建立的一个学科；另一方面，马克思主义著作中关于文艺的论述是零散的而不是系统的。因此，我想我们研究文学的方式和方法反倒可以更加灵活、更加多样化，这是很好的事情。西方目前文学研究的状况大抵如此。另外，你可能注意到，一种可称之为马克思主义多样性的现象正在发展。简单地说，例如我自己的著作中表现出来的对马克思主义分析方法的兴趣始终与我对女性主义、后结构主义、接受理论、符号学等相联系。我认为所有这些研究在方法上是并不互相排斥的。显然詹姆逊的著作属于马克思主义，但他同时运用了许多不同的文学研究方法。我认为这种趋势可能会持续下去。

　　徐方赋　是否可以这么理解，不存在所谓"马克思主义方法"和"非马克思主义方法"的问题，大家都可以使用各种各样的方法来进行研究？

　　伊格尔顿　嗯，研究方法是可以共享的，我是说，马克思主义者可以采用解构主义的方法；而结构主义者也不一定是马克思主义者。是的，这里面有一个方法上相互交叉的问题。这就很难准确地说什么叫马克思主义文学批评，对此我们可以展开探讨，比如说马克思主义和精神分析法的关系，精神分析在西方是一种十分重要的分析方法。不过马克思主义对方法论的特别贡献还是在于它对意识形态的关注，即它提出了"人们的观念、信仰、价值观同权力密不可分"的观点。除了女性主义批评和后殖民主义理论之外，这一现象在其他研究方法中没有得到重视。虽然不只是马克思主义关注观念与权力之间的关系，但这确实是马克思主义一贯重视的问题。所以说，研究方法是开放的，不同的方法往往为不同的团体、不同的研究者所共享。

王杰　在中国有很多学者都关心您的学术研究。我认为您近年来关于爱尔兰的研究很重要。目前中国也是处于一个类似后殖民主义的语境中，在 2005 年的一篇访谈中您提出近年来一直在思考如何既反对殖民主义、同时又不陷入民族主义的问题。我想了解您的爱尔兰研究和马克思主义民族观是一种什么样的关系？对今天的第三世界国家，像我们中国这样的受压迫国家您的理论有什么一般的意义？

伊格尔顿　爱尔兰是 20 世纪第一个后殖民的国家，也是 20 世纪初首先从英国赢得独立的国家。当然，爱尔兰并没有获得完全独立，这也成为爱尔兰斗争不断的根源和原因，我真诚希望这种斗争已经结束。你们可能知道，我是爱尔兰人，我希望这种斗争结束。我研究爱尔兰的原因，一方面是由于在政治上爱尔兰对英国具有重要意义，爱尔兰作为英国近邻一直以来都让英国难以安宁；另一方面，是爱尔兰研究的发展迅猛。20 年前，英国几乎没有多少爱尔兰研究，但现在它已发展成为一个规模庞大、且创造力旺盛的产业。之所以如此，是因为在美国有大量的爱尔兰人，爱尔兰研究在美国就非常普遍，而且美国往往在这些方面敢为天下先，爱尔兰研究就呈现出强劲的势头和强大的活力，但是爱尔兰研究和民族主义之间的关系、它和爱尔兰民族主义之间的关系，的确非常非常复杂。我想爱尔兰革命民族主义是爱尔兰研究中规模很小、但影响很大的一个思潮。在爱尔兰研究中，大部分爱尔兰人并不把自己看作是民族主义者。事实上，他们中的一些人显然是反民族主义者，大部分爱尔兰历史学家是反民族主义者，爱尔兰文化研究中有一定的民族主义因素，不过这种因素并不占主导地位。但另一方面，似乎可以说有的人比较虚伪，因为在世界各地，经常有非常理性的人对民族主义很感兴趣，当然我指的是对革命的民族主义感兴趣。英国学者坚持研究马克思主义与民族主义的关系问题。这种兴趣的原因首先在于，20 世纪像中国革命等实践证明，革命民族主义是最为强大、最为成功的革命运动：这种运动的范围波及全球，一个又一个国家从传统时期和殖民统治中解放出来。西方后殖民研究获得成功的部分原因在于他们坚持从全球规模的解放运动中汲取力量。当然，这些解放运动的结局各不相同、有时甚至让人困惑。但毕竟整个现代时期以来，不光是 20 世纪，最成功的革命运动还是革命民族主义。但是你也知道，民族主义具有两面性，内涵十分模糊。因此，我认为，19 世纪后期，马克思主义成为支持欧洲反殖民解放斗争的第一个政治力量，这个意义非同小可。同样，在 19 世纪后期和 20 世纪初期，马克思主义又成为支持妇女解放斗争的第一个政治力量。当然，马克思主义是在阶级、资本主义和社会主义的大背景下看待反殖民解放斗争的；而今天的后殖民运动则不是这样看问题。这么说吧，反殖民运动原来作为西方马克思主义所关注的焦点，现在已经变成认同政治的一个方面。在这种条件下，原来受质疑的民族主义的一些问题变得更为突出，而马克思主义则始终从社会的角度支持反殖民运动，马克思主义不是将这些运动仅仅看作是人们为了满足获得身份认同的需要，而是将它们放到更大范围的经济、社会和政治背景下去考察。现在情况不同了，固然仍有一些从事后殖民研究的马克思主义者沿用这一传统，但是我认为绝大多数从事爱尔兰研究和后殖民研究的人们对民族主义持怀疑态度，对马克思主义同样持怀疑态度，所以说有很多不同流派。

徐方赋　最近在世界各地和中国国内有学生抗议西方媒体对奥运火炬传递中发生事件的歪曲报道，西方媒体将这种抗议活动称为"民族主义"行为，您认为这种评价是否妥当？

伊格尔顿　人们支持自己的国家不一定非要有民族主义的动机。这里面有重要的区别。当然在西方有很多反华情绪。针对奥运会进行示威，有些实际上是支持藏独，也有些人不过是地道的机会主义者。

徐方赋　在西方关于中国的报道中，"民族主义"似乎是一个贬义词。

伊格尔顿　我想，在西方"民族主义"是极为矛盾的一种政治现象，因为在某种意义上它包括纳粹主义。也正因为如此，西方人对民族主义忧心忡忡，因为西方曾经为反对日本的民族主义、意大利的民族主义、德国的民族主义等极端的民族主义而进行过世界大战。不过另一方面，他们忘记了民族主义也可以是革命的民族主义，如在越南和古巴。因此民族主义是一个最矛盾的政治术语，它可以有许多不同的内涵；民族主义这个词可以是褒义的、贬义的和中性的。

王杰　您从90年代初开始研究和阐释爱尔兰以及爱尔兰文化，我认为这个研究非常重要，在全球化的条件下更是如此。我也注意到您的研究不同于其他一些后殖民主义理论家，如赛义德等等。能否请您谈谈您的研究在理论上有没有概括出某种一般性的东西，有没有建设性的发展和贡献？

伊格尔顿　我认为赛义德对爱尔兰研究的兴趣是把爱尔兰作

为民族主义研究的一个例子，显然他最关心的还是阿拉伯问题。不过对我来说，我研究爱尔兰大概有三个原因，首先，我是爱尔兰人；其次，最近几十年以来，爱尔兰一直是一个政治动荡的社会；第三，在文化上和政治上都有意思的是，在英国面临身份认同危机的时候，爱尔兰文化成为了英伦群岛中最具魅力的文化。爱尔兰因其革命历史，已经成为英伦群岛中最有意思的部分。这正是我这段时间侧重研究爱尔兰的原因。你知道，很多有意思的文化和文学现象，都产生于爱尔兰，时间大概是 20 世纪初爱尔兰独立战争时期。这个时期出现了乔伊斯、叶芝等一大批爱尔兰重要作家。我认为，他们的作品是政治事件、政治运动在文化上的反映。爱尔兰独立后，英国和北爱尔兰摩擦不断，随即又产生了许多诗人和作家。一个很有意思的现象是，20 世纪初，欧洲出现了伟大的现代派实验性文学——先锋派文学，而英国几乎没有先锋派、没有现代派文学。英国的现代派文学大都来自爱尔兰，像叶芝、乔伊斯等。人们观念中的英国现代主义作家大部分来自爱尔兰。我认为，这同复杂的政治环境和动荡的社会形势相联系，正是这种复杂的政治环境和动荡的社会形势促进了现代派主义的产生。

徐方赋 也就是说，政治上的动荡有助于产生现代主义文学？

伊格尔顿 我的意思是，我们可以用许多不同的方式来考察欧洲的现代主义，但是最伟大的重要作家和作品大约都出现在第一次世界大战时期，如果我们研究劳伦斯、乔伊斯、海明威等作家，你就会发现，他们都处在整个欧洲文明陷于某种危机的历史时期，这种文明的基础正遭遇考验、受到动摇。我认为现代派文学大都渊源于这种观点。人们普遍感到，面对新的现实、新的恐惧、新的技术等的严重挑战，古老的、现实的各种传统都将难以为继，这就要求有新的艺术形式来反映和表达新的现象。但我认

为，英国本土很少产生原创性的现代派作家。如果你考察英国伟
大的现代派作家，如奥斯卡、王尔德、詹姆斯、艾略特等，他们
当中没有一个是英国人。英国只是像一块磁石，吸引了这些现代
派作家。他们或移居、或流亡，从四面八方来到英国。但英国本
身似乎并不产生现代派。

徐方赋　从这一点看，能不能说英国是一个更传统的社会？

伊格尔顿　是的，这正是它的魅力所在。英国社会更为传统
意味着它不能产生太多的现代派，同时也意味着英国对于那些颠
沛流离、寻求安居的人来说充满魅力。比如康拉德是从波兰逃过
来的，乔伊斯来自爱尔兰，因此英国实际上成为了现代派作家的
归宿，但不是故乡。

王 杰　您曾经指出，当前的左派为了更好地战胜右翼势力，
应该更多地借用伦理学和人类学资源。我也注意到您最近的一些
著作，象《甜蜜的暴力》（*Sweet Violence*：*The Idea of the Tragic*，
2002）、《神圣的恐怖》（*Holy Terror*，2005）等都比较多地运用
人类学的材料和方法来讨论问题，您在《马克思主义文学批评》
（*Marxism and Literary Criticism*，1976）一书导言中谈到马克思主
义文学理论有四种模式，其中就包括人类学模式。您认为在今天
学术的背景下，从人类学角度研究文学艺术有何特殊的意义？

伊格尔顿　我想在英语中，"文化"这个词一直既包含有美
学的意义又有人类学的意义。关于文化理论的讨论实际上存在着
许多困难。人们一直试图综合不同的意义，或考察关于"文化"
的各种意义之间的相互联系。在西方，文化可以指艺术作品和智
力作品，也可以具有更广泛、更多的人类学意义，实际上可以指
整个生活方式。你知道，我对研究人类学意义上的文化概念和美
学意义上的文化概念之间的关系也很感兴趣。美学意义上的文化
概念十分重要，但是超越狭隘的审美意义而拓展文化的概念更为
重要，比如说将文化概念扩展到整个生活方式。人类学研究对文

化感兴趣的另一个原因在于，它把文化看作整个生活方式，将其用于研究制度、社会关系、亲属关系、生产模式、符号形式等。这样，如果我们将这样一种文化概念反过来用于研究自己的社会、自己的制度等，即可能发掘出许多有趣的东西。也许文化理论中更保守或流行的因素是，这种理论企图维护狭义的文化概念，将其同作为整个生活方式的文化观念相对立，从而使文化成为某种最高价值的载体。这种文化理论对于"文化即整个生活方式"的观点持非常否定的态度。对于传统的文化理论而言，"文化即整个生活方式"的观点显然是一种民主化的批判、是一个挑战，没有这种批判和挑战，传统的文化理论就可能成为某些精英的专利，成为一个狭隘的、排他的概念。所以我想在威廉斯和我本人开展批判之后，大量批判随之出现。我们努力拓展文化概念的内涵，其中人类学方法即是其中的一种。此外关于社会学和文化关系等的研究也取得了长足进步、日显重要。因此，这是文化的不同定义之间的一场战争。

王杰　您的新著《生活的意义》（*The Meaning of Life*，2007），对英国的人们特别是年轻人有重要的意义，我认为对中国也很有意义。而中国和英国不同的是，中国是一个没有宗教背景的国家，近来许多年轻人对共产主义信念又丧失信心，由此产生了一些问题。所以我想了解，第一，您写作这本书的初衷是什么？第二，像中国这样没有宗教背景的国家，人们如何找到生活的意义？我觉得似乎更为困难，想听听您的意见。

伊格尔顿　是啊，我的这本书试图提出为什么现代生活会缺少意义的问题。现代社会中，关于生活意义的问题变得尤其尖锐和严峻。某种意义上，每一个人都会以某种方式提出这个问题，而从现代化以来，这个问题显得更为突出。我的兴趣在于解释其中的原因：当代工业、技术、都市和资本主义的环境并没有像过去社会那样为人们提供生活的意义或者说深度的价值。我的这本书，用了很大一部分篇幅来探讨这究竟是不是一个真问题，我试图从哲学高度去分析关于生活意义的问题是一个真问题还是伪问题，有的人会认为这是一个伪问题，而我则认为这是一个真问题。同时，我想这个问题同马克思主义的联系在于，马克思主义是一种非常具体的历史批评，在我看来，马克思主义不是一种宇宙哲学，它有非常具体的关注焦点；一旦完成了这个任务，它的历史作用也就消失。马克思主义的存在是为了完成某种任务、而不是为了提出深刻的形而上学问题，这些形而上学问题有待马克思主义继续探索。此外，显然我的这本书所受的影响之一是神学。我是从一个业余神学家的角度开始写这本书的。我对神学，具体地说，对基督教神学、耶稣基督教神学始终充满兴趣，这些概念在我的著作中起着更为核心的作用。例如在我关于悲剧观念的著作中就是如此。因为悲剧提出了非常深刻的问题。它不仅涉及马克思主义，而且还涉及神学、人类学、精神分析等众多其他领域。这本书实际上就是探讨这些问题的。你谈到在中国和其他国家一些年轻人感到生活没有意义的问题，要回答这个问题，我想这本书就是试图促使人们思考，为什么生活的意义会溜走、会从人们的生活中蒸发掉等问题；思考日常生活没有多少价值的社会是一个什么样的社会。

徐方赋　人们常说生活没劲。

伊格尔顿　是的，确实如此。也正因为如此，生活就会从一种意义滑到另一种意义，我想在西方这就是所谓新时代的特点。你知道，在西方人们试图尝试各种哲学、心理学等，以求填平情感上的鸿沟和精神上的空虚。然后人们在生活中寻找解决的方法，结果是不约而同地转向一种叫做享乐主义的东西，即寻求一种能够获得快乐的方式。因此，在我看来，人文主义理论，包括马克思主义理论的作用之一是不停地提出生活中出现的各种问题：不光是生活的意义是什么，还包括人们为什么要提出这样的问题、他们生活中缺乏什么、如何改善人们的政治和文化环境以便他们感到更为充实，等等。我并不试图回答这个问题，我只是把这个问题提出来。

王杰 您在关于悲剧概念的著作中分析了在古代悲剧的崇高世界中生活和生命的价值和意义问题，在今天的现实中，悲剧精神的丧失的确是一个很大的问题。

伊格尔顿 从某种意义上说，我对悲剧研究的兴趣之一在于说明否定性、痛苦、绝望的终极意义。西方悲剧传统的显著特点之一在于悲剧中体现的肯定性，这种肯定性使得悲剧英雄在无奈之中恰恰能够超越无奈而找到力量的源泉、价值的源泉。因此，当生活中的无可奈何、消极颓废或价值缺失达到顶峰的时候，悲剧则恰恰会在这个顶点上，以某种似乎神秘的方式，成为你找到出路和发掘能力的一种形式，从而帮助你摆脱那种无可奈何、消极颓废或价值缺失的状态。所以说悲剧是价值的源泉，这听起来奇怪，因为在西方的语言中，悲剧意味着可怕的灾难性事情，但同时，它也是一个价值的源泉，尽管显得有些神秘。因此我所感兴趣的问题是，通过采取什么样的实际办法让人们的生活感到更充实、更有意义？也就是说，生活中应该怎么去做、生活方式应该作怎样的改变，才能使人们的生活感到更充实、更有意义。

王杰 从我到英国以后的观察以及同您的接触看，目前在英国，马克思主义处在一个比较低潮的阶段。中国和英国一个不同的地方在于，在中国，政府提倡马克思主义。但中国的马克思主义研究也没有同工人生活或者说社会主义运动比较直接地结合起来。英国也是如此，马克思主义似乎成为一种学术化的马克思主义。我认为当代马克思主义要继续发展，就像您所说，要找到它的现实基础，这是我很困惑的问题。中国和英国都是如此。能否请您进一步谈谈在我们今天这个社会条件下，马克思主义的物质基础是什么？德里克认为绿色革命、女性主义等方面都可以找到，但我觉得这些都是小话题。此外，您认为您自己是否是后马克思主义者？从文学理论的角度看后马克思主义者在今天的条件下主要关注一些什么问题？

伊格尔顿　首先，我不把自己看作是后马克思主义者，我是马克思主义者。在我看来，后马克思主义者是指那些在某些方面保留着马克思主义、但总体上已经从马克思主义转向了其他学说的人们。当然，在中国、英国乃至整个西方，马克思主义成了基本上只是局限于学术领域的东西，但也不尽然。可以说，美国的马克思主义几乎完全是纯学术的东西。但在英国，由于其强大的工人阶级传统，马克思主义就不只是局限于学术活动。昨天晚上我还作了一场报告，听众对象是来自工人教育协会，他们都是为普通工人朋友授课的教师，这些听众大部分本身就是工人阶级。同时，在英国仍然有一些政治团体把自己看作是马克思主义团体。每年在伦敦都会有一个大型的集会"马克思主义者节"，一般有四五千人参加，包括系列演讲、艺术展览、各种演出等。参加这个活动的大多都不是搞学术的，而是普通的劳动者。我想说的是，虽然马克思主义在英国经历了严重的挫折，很难说有多少真正的马克思主义研究了，然而，英国的马克思主义活动仍然不只是局限于知识界和学术界，它依然是国家政治生活中的一支力量，尽管这支力量越来越小。除此而外，英国还有左派运动，一种反对资本主义的左派运动。西方激进政治活动中产生的现象之一，就是这种激进活动从马克思主义运动发展成为反资本主义运动，这听起来很有意思、也很奇怪，我指的是这些运动出现时间不长，吸引了很多年轻人，他们关注环境、民权等问题，他们把这些运动称为反资本主义运动，但并不把自己看作是马克思主义者，这是区别所在。激进的政治活动并没有消失，但是这些活动从关注焦点、行为风格、活动名称到组织方式等，都发生了改变。在整个反对资本主义的阵线中我们可以发现马克思主义活动仍然作为一支较小的力量而存在，但并不是一支中坚力量。

徐方赋 这么说来，马克思主义仍然具有某种实践上的意义？

伊格尔顿 哦，是的。一旦遇到需要维护社会公正、发生罢工等情形，你常常可以发现一些左派团体马克思主义团体，参与其中。我本人就是两个这种团体的成员，而且我是非常积极地参与社区事务的。因此，我想英国的马克思主义并不只是学术界、知识界的活动。但美国的情况则不大一样，由于美国工人运动的传统相对薄弱，它的马克思主义确实只是学术界、知识界的活动。

王杰　徐方赋 非常感谢！

（徐方赋、王杰根据录音整理、翻译，本访谈时间：2008 年 5 月 2 日上午，地点：曼彻斯特大学艺术、历史与文化学院特里·伊格尔顿办公室）

"我的平台是整个世界"

——特里·伊格尔顿访谈录之二

王杰　徐方赋

王杰　早上好！伊格尔顿教授。

伊格尔顿　早上好！从媒体上得知中国发生了罕见的大地震，影响了很多人，首先我想向灾区人民表示诚挚的慰问。不知道你们两位的家人是否受到影响？

徐方赋　非常感谢您的慰问，这两天我们每天头一件事情就是关注关于地震的新闻，同时以我们自己的方式表达对灾区遇难同胞的哀悼以及对灾民的关爱。所幸的是，我们自己的家人和亲戚都没有受到地震的直接影响。谢谢您的关心。

王杰　我想先说一个具体的事情，我的同事付德根副教授让我转达他对您的问候。他正在翻译您 1991 年出版的《意识形态导论》（*Ideology：An Introduction*，1991），预计今年 10 月将由中国的知名出版社商务印书馆出版。付德根很希望您为即将出版的这个中文版撰写一个前言，我也可以把这个前言的中译稿发表在我主编的《马克思主义美学研究》第 12 辑上。

伊格尔顿　为《意识形态导论》的中文版写一个前言真是一个不错的主意，我很高兴译者有这个想法，同时我也很高兴能在您的杂志上发表这个前言。我会记住这个事情的，咱们保持联系。

王杰　我正在做英国马克思主义文论研究，希望在英访学期间能够进一步了解英国马克思主义文论研究的最新发展，能否请您谈谈这方面的情况。

伊格尔顿 实事求是地说，目前真正的马克思主义研究已经很少，它已经被后现代主义和后殖民主义所取代。这两个思潮在政治上都属于左翼，比较激进，但两者对马克思主义均持批评态度。所以确切地说，今天的英国并没有多少人、没有多少文学批评家称得上马克思主义者。我认为，马克思主义研究主要在30—70 年代之间，现在有一种现象可称作后马克思主义，这些人对马克思主义有所了解，或者曾经是马克思主义者，但后来成为后马克思主义者。所以研究英国的后马克思主义，可以包括后现代主义和后殖民主义。

徐方赋 能否谈谈马克思主义研究衰落的原因？

伊格尔顿 20 世纪 70 年代初，英国左派备受褒扬。但大约从 70 年代末期马格丽特·撒切尔执政开始，左派开始衰落。所以说马克思主义文学批评的衰落同左派的衰落直接相关，是从70 年代中期开始的。我的那本《批评与意识形态》（*Criticism & Ideology*, 1976）发表于 1976 年，恰好在左派开始衰落之前。我想说的是，到 80 年代，无论在英国还是某种程度上说在美国，马克思主义研究就大大减少了，而 70 年代则十分盛行。我想这是因为 70 年代中期左派开始衰落的缘故。然后就出现了后殖民主义等政治批评思潮，但不一定属于马克思主义。

徐方赋 您是说这些新的思潮不局限于马克思主义？

伊格尔顿 是啊，它们同马克思主义并无密切联系，或者说对马克思主义持否定态度。在英国以及其他许多国家和地区，马克思主义文学批评的盛衰同社会主义运动的命运密切相关。比如说，30 年代，社会面临严重的危机，包括政治和经济危机，在这种形势下，马克思主义文学批评就比较流行；第二次世界大战以后，社会趋于稳定和繁荣，马克思主义文学批评就很少出现；

然后到了 60 年代，在学生运动、民权运动和反越战运动等的推动下，马克思主义文学批评在 60 年代后期又得以复兴，直至大约 70 年代中期。所以我们可以据此绘出一个轨迹。

王杰 我想讨论一下中国特色马克思主义的问题，上次访谈中我们提到过这个问题，但由于时间关系您没有来得及细谈。在我看来，社会主义初级阶段虽然有许多地方与资本主义有相似之处，但本质还是不同的，我想请您谈谈对中国模式的看法。

伊格尔顿 好的。在西方，资本主义显然和政治民主相伴而生，因此西方许多人认为资本主义、自由市场和政治民主这三者可以天然地结合在一起。但我不大赞同这种观点，我认为资本主义可以有各种不同的政治体制。比如说法西斯可以说是一种极端的资本主义制度。对于资本主义而言比较容易的做法是，在竞争和资本积累过程中建立一个权威政府，以遏制各种问题，中国目前就有点这个意思。从某种程度上说，市场社会和专制政治相结合恰恰是资本主义真正希望建立的一种体制，这样政府可以具有较大的控制力。因为在西方，民主的资本主义经常会面临各种不稳定因素，如社会动荡、不同政治派别的斗争和各种反抗运动。但他们的理想是建立市场经济自由但同时不需要太多的政治自由。我认为这是一种结合的形式，中国的情况我认为就是如此。但这种体制不大可能在西方建立，因为西方国家往往拥有很长的政治自由、政治民主的历史。我想这正是中国未来向世界展示的一种模式，政府可以控制那些造反分子和持不同政见者、可以控制人口，等等。

王杰 上次您谈到近年来西方发展了一种"反资本主义运动"，而且这种运动继承了 1968 年"五月风暴"的某些传统，能否请您再具体谈谈这个运动？

伊格尔顿 这个"反资本主义运动"，有时也称作反全球化运动。这种运动组织上比较松散，有的人非常关注环境问题、有的人则关心和平问题，这是一种新型运动，因为它并没有严密的政治组织，比如说社会主义工人党。这是一个多元化的运动，他们会在某些时候、某些地方制造一些冲突、各种各样的冲突，吸引了相当一部分年轻人。由于运动本身的多元化特点，参加这些运动的人很难就某一具体政策问题提出一致意见。在英国乃至整个西方，左翼运动都从马克思主义转向了反资本主义，这并不是一个很大的转向。如果要用一句话来概括目前西方的形势，是不是可以这样说，这种运动从马克思主义（20 世纪 70 年代比较兴盛），到今天（马克思主义不如从前兴盛）转向了非马克思主义。但这不等于说对资本主义没有了批判，资本主义依然面临各种批判，只是这种批判力量的组成更趋多元化，而马克思主义只成为其中的一个流派。这个多元化的反资本主义运动同时也是一个民主运动。它反对领导阶层、反对等级制度，包含某种无政府的因素，对中央集权持怀疑态度。从这个意义上说，当前的反资本主义运动有点类似于 1968 年的"五月风暴"，因为两者对集权制度均持怀疑态度。

王杰 我注意到您和剑桥大学杜威·米兰（Drew Milne）合编的《马克思主义文学理论读本》（*Marxist Literary Theory*：*A Reader*, 1996）没有收入毛泽东的著名论文，即 1942 年《在延安文艺座谈会上的讲话》，您知道，法国学者马歇雷对这篇论文给予了很高的评价，能否请您谈谈您对该篇著作有什么看法和评价？

伊格尔顿 哦，对不起，那篇著作我很早前读过，有些想不起来了，以后有机会我会再看这篇著作，到那时再说吧。

王杰 好的，我对《讲话》的分析是以马克思的一个观点为依据的。马克思晚年在给俄国《祖国纪事》杂志回信时曾经谈到，像俄国这样的国家有可能跨越资本主义制度的"卡夫丁峡谷"，而进入一种更合理的社会，这也是中国现在"建设有中国特色社会主义”的理论依据，但事实上俄国没有成功。您认为在理论上存在这样一种可能吗？

伊格尔顿　我想这是一个非常重要的问题。西方很多人，尤其是左翼人士，都会说“不会”或者“不大可能”。我认为 20 世纪人类经历的灾难之一就是社会主义制度在最需要、有必要、但最不可能的国家建立起来，这是一个悲剧。

徐方赋　您好像在《理论之后》提到过这一点①。

伊格尔顿　哦，是吗？这么说吧，首先，所有伟大的马克思主义者，包括马克思、恩格斯、列宁、托洛茨基等，他们都认为社会主义制度只能建立在生产力高度发达的基础上。关于社会主义有可能在某个落后国家建立起来的观点实际上起源于斯大林，这是修正主义理论。我想当代西方社会主义者大多会认为你可以在经济落后的国家建立起社会主义制度，但这种制度需要得到发达国家的支持。而这恰恰是俄国布尔什维克面临的问题，当列宁意识到俄国得不到发达国家的支持时，他深知十月革命面临着巨大危机、会面临失败。我支持这个观点。我有时半开玩笑地说，社会主义道路只有富人才能走通。记得马克思好像说过，在经济落后的国家建立社会主义，只会扩大物质匮乏。我认为问题之一在于，在经济落后的情况下建设社会主义，就必须加速发展生产力，而加速发展生产力则会催生集权政府以驾驭经济发展，这样就很难有民主的产生。西方大多数人会说社会主义和民主是密不可分的、绝对密不可分的。社会主义意味着政治民主向经济领域渗透。所以说在经济落后的国家建立社会主义本身会陷入自我矛盾之中：它会促进经济发展，同时会运用政治体制来遏制民主。西方很多左翼人士会将这样一种体制称作斯大林模式。这种模式不仅仅指斯大林本人的做法或者俄国的社会主义，它指的是一种

---

① C. f. Terry Eagleton, *After Theory* , Allen Lane, 2003.

特殊的社会主义模式。如果社会主义革命采取这种模式，你就有陷入斯大林模式的危险，除非你能得到其他方式的援助。西方左派大多反对斯大林模式，同时也反对毛泽东模式，他们认为毛泽东模式和斯大林模式同出一辙。

王杰　我想这个问题比较复杂，有许多值得进一步探讨的地方。下一个问题是，您知道马克思在他的晚年放下了《资本论》二、三卷的修改而转向研究人类学，旨在探讨不同于西方的社会发展模式，在当今全球化的背景下，地球上的资源越来越紧张，西方政府普遍向右转，在这种情况下我们如何期待一个更加美好的未来呢？

伊格尔顿　哦，其实马克思不只是在晚年才开始关注人类学和人类学问题。年轻时代的马克思就开始关注这个方面，《巴黎手稿》中，马克思就已经开始关注人性、劳动观念、大自然和种族等问题。后来，马克思开始撰写《资本论》后，暂时中断了人类学研究，但我认为人类学研究一直是马克思关注的课题。比如我感到，马克思确实相信关于人性的一些观点，不过他所相信的是唯物主义的观点。所以我认为马克思本人的研究中蕴涵了一些人类学因素，这是十分有意思的事情。西方左派对于马克思著作中的这些因素十分感兴趣，如人本主义因素、文化因素等。1968 年以来，这些因素在西方很长时期内占据主导地位，对马克思的研究不只是停留在经济学或者政治学概念上。有许多著作对马克思主义伦理学和美学进行了研究。我本人就对马克思主义关于美学的观念十分感兴趣，比如说美学的基础是什么，等等。所以过去三四十年间，马克思主义在西方更多的是被当作一种一般理论、一种视野和人类学兴趣进行研究，而不只是从经济学角度进行研究。

徐方赋　这么说，马克思主义研究的领域拓宽了？

伊格尔顿　是的，非常宽泛。

王杰　记得您曾经说过，西方的女性主义文学批评和美学与马克思主义有着密切的联系。近年来女性主义批评在中国也有很大发展，但似乎有某种商业化的倾向，批判性不强，因此我认为中国在这个方面有很大的理论空间，我很想了解您在这一方面的看法和观点。

伊格尔顿　我第一次去中国是在 1984 年，然后和我的太太结婚，太太是一个女性主义者，她当年应邀在北京做一个关于女性主义的报告。西方女性主义有些是和马克思主义相联系的，但并不全是。70 年代女性主义在西方刚刚兴起的时候，有许多重要辩论围绕这些议题展开，所以女性主义和马克思主义之间有一些天然的联系。但与此同时，女性主义者也担心女性主义会被马克思主义所取代，会变成马克思主义的一个分支，这种担心是可以理解的。所以有许多女性主义者激烈反对马克思主义，力争使女性主义成为一个独立的运动、建立自己独立的理论和自己的政治组织。有些女性主义者一提到马克思主义就很紧张，所以两者之间有冲突。同时，也有些女性主义者自称为马克思主义女性主义者，有马克思主义女性主义的杂志和运动等，但同时两者有诸多冲突。

徐方赋　这样说来，马克思主义女性主义只是女性主义运动的一个分支？

伊格尔顿　是的，是一个流派。而且在目前，这个流派力量不大。问题之一是，如果说女性主义运动在中国刚刚兴起，那么在西方，我们已进入后女性主义时代。"后"的意思不是说女性运动中断了，而是说我们已经学到了一些东西的基础上，又出现了另一些东西。从价值观和信念角度上说，西方有许多妇女，或者说大多数受过良好教育的妇女都是女性主义者，但并不是激进的或者说政治上的女性主义者。而在 30 年前的 70 年代，西方很多妇女都比较激进、比较关心政治。现在的妇女不再激进或不再关心政治大概基于两个原因：一个是她们的要求有些已经得到满足，这是积极方面的原因；另一个原因是我们这个时代不是一个激进和关心政治的时代。

徐方赋 能不能这么理解，在后女性运动时代，她们更关注自身的日常权利？

伊格尔顿 可以这么说。不过她们赢得一些成果以后，就不再像从前那么积极了。在西方，女性主义和精神分析之间有着重要的关系。马克思主义女性主义是一个流派，而弗洛伊德女性主义这个流派则更为强大。

王杰 有评论说您的《理论之后》以及之后的著作并没有提出建设性的东西。我不同意这种看法。我注意到您近年的著作试图在作重建形而上学的努力，从您关于悲剧的研究、关于牺牲的阐释以及对人生意义的思考都可以看出这一点，请问有什么概念可以概括这种建设性的东西？在您的近期著作中经常出现"God"一词，它的真实含义是什么？

伊格尔顿 你们可能知道，我是相信基督的。60 年代初我还在剑桥求学的时候，就参加了基督教或者说天主教左翼运动，当时我们就创造了一个新事物，即探索政治和神学的关系。后来拉美出现了一场新的运动，叫做"解放神学运动"，在这场运动中，左翼的基督教友和僧侣们运用马克思主义和拉美的帝国主义作斗争。我一直对研究神学（形而上学）和政治之间的关系感兴趣。我的著作曾一度离开这个主题，但近年以来，我又回到这个主题。我不知道为什么？或许是年纪大了？

徐方赋 也许是您的研究上升到了更为哲学的层次。

伊格尔顿 是的，更为哲学的层次；同时也许是因为左派力量的削弱，这听起来奇怪。左派力量的削弱对我当然是坏事，但同其他许多事情一样，坏事也有好的一面。我认为，左派力量削弱这件坏事所产生的一个好的结果就是，六七十年代左派力量上升时期，它往往忽略或者搁置那些同当时政治形势无关但实际上十分重要的一些问题；然后，左派力量衰退的时候，它反而会有时间从更为广阔的视野来看待问题。不光我是如此，所有左翼人士都是如此。我们对哲学、神学、形而上学、文化、艺术等产生兴趣，都有赖于我们有一个这样的时代，要求我们从不同的角度进行思考，在这样一个时代，左派不再对自己的兴趣自以为是，它需要许多新的创意。因而，我想我最近几年的著作，甚至我对悲剧的关注，悲剧也许是同形而上学观点十分接近的一种文学形式，都重新回到了这些层面。同时，听起来也许奇怪，在整个西方，神学领域也有一些流派非常激进、政治上非常激进。与人们常识相左的是，西方神学经常是先进思想出现的领域。是的，要是观察一下，在这个楼里就有好几位研究福柯、马克思、女性运动的专家同时也是神学家。原因之一是，他们习惯于用一些最基本的观念来思考问题，不怕提出各种深奥的、根本的问题。今天晚上我在曼城大教堂有一场演讲，题目就叫做"耶稣是不是一个革命者?"这些问题我们重新开始探讨。晚上七点半，非常欢迎你们光临。

徐方赋　谢谢，我们俩都会去参加的。您的论述让我想起了一个相关的问题，我想王教授也感兴趣，在中国，我们所受的教育是马克思主义和神学是不相容的，如果你相信了马克思主义，那么你就不可能再去相信神；而在西方，好像不存在这样的矛盾。

伊格尔顿　在西方不存在这样的矛盾。西方许多马克思主义者，像瓦尔特·本雅明就是犹太教的。当然马克思主义和神学会有一些矛盾，但也有不少人可称为马克思主义神学家，或者叫做对马克思主义感兴趣的神学家。

徐方赋　这么说两者是可以结合的?

伊格尔顿　哦，是的。我想两者结合已经有相当一段历史了！尤其是在拉丁美洲，其人口中的大部分信仰基督，但与此同时他们又面临帝国主义的压迫，所以就产生了所谓"解放神学"的运动，这个运动同马克思主义密切相关。实际上，如今对神学感兴趣的马克思主义者也不会在许多宗教具有压迫人民的本质这个问题上和马克思唱反调。马克思关于宗教的论述，主要观点是正确的；但我们知道，他是将宗教作为意识形态进行探讨的，而在神学中，宗教是批评意识形态的。

王杰　雷蒙德·威廉斯（Raymond Williams）是您的老师，从威廉斯到您，英国的马克思主义文学批评有了很大的发展。在您看来，您和威廉斯研究马克思主义文学批评的主要特点是什么？

伊格尔顿　威廉斯是我的老师，他指导我做科研，同时我也跟他一起从事教学。在英国，威廉斯被称为"新左派"。"新左派"的出现有三个背景：首先是核武器出现以后若干年内出现了和平运动；其次是苏联入侵匈牙利，导致西方大规模的反对苏共运动，许许多多的人离开共产党；第三个背景是反对帝国主义，即西方入侵苏伊士运河。在这种复杂的背景下，就出现了一种既反对帝国主义又反对苏联的社会主义运动。这就是新左派运动，我把它叫做社会主义的人文主义运动，威廉斯是这个运动早期的重要人物。而我也继承了老师的社会主义人文主义立场。这个运动的特点就是既反对西方帝国主义又反对苏联社会主义，或者别的什么叫法。当"第三世界解放运动"在越南、柬埔寨等国家兴起的时候，这个社会主义人文主义运动获得了很大发展，成为其中的一部分。同时，这个运动非常非常重要的贡献，尤其体现在威廉斯的著作中，还在于它第一次将文化作为主流、作为社会主义者关注的一个主题引入研究。所以我在文化和文学领域的研究很大程度上归功于这一段历史。我想说的是，新左派作为一场运动已经成为过去，但这场运动所推重的社会主义的概念依然影响广泛。

徐方赋　那么这个运动有没有继承者？

伊格尔顿　有很多团体、很多运动，包括许多不同的左翼、马克思主义团体，这些团体和运动消消长长，他们都受到早期新左派运动的影响。

徐方赋　那么说新左派运动的影响仍然存在。

伊格尔顿　是的，很有影响。

王杰　下面这个问题是关于您个人的。几年前伯明翰大学的当代文化研究中心遭到关闭，而今年，曼大要求您退休。请问您怎么看待这两件事情？

伊格尔顿　我想这两件事情并没有什么联系。伯明翰那个研究中心关闭，我不大清楚其中具体的原因，不过我知道它最后几年是比较边缘化的。这个中心的研究工作曾经非常出色。至于我退休的事情，我想并没有什么特殊的政治上或者政策上的原因。我是说，我到了校方规定的退休年龄。如今有些单位、有些高校允许职工（到退休年龄后）继续工作，但从法律上讲，这些单位也可以不让他们继续工作。我们希望法律能够得以修订。比如在美国，人们只要愿意，就可以一直干下去。所以我想我的情况不足为虑。有些人想利用这件事情对校方的政策提出批评。但我想这并不是为了我个人的，部分原因是，我的著作增加了学校出版物数量，同时为学校带来很多收入和其他效益。所以有的人就不大理解学校为什么不让我继续干下去，因为要是我继续干下去，学校可以继续受益。同时，学校目前还实行一个叫做"提前自愿退休"的政策。我想我是学校财政困难的一个牺牲品。所以我退休不是一个政策或者政治问题，而是一个经济问题。

徐方赋　我跟有关教授提到这件事情时，她说学校真不应该让您走。

伊格尔顿　衷心感谢同仁的支持。实际上很多人都在支持我。那天就在对面那个餐厅里的一个师傅还跟我说她"很惋惜"
呢！有这么多人支持，我感到很欣慰。我知道学生的愿望。学生
很气愤，当然不光是为了我，而是为了他们自己的际遇。当然，
现在这个时代不同于1968年那样的时代，但学生的那种心情和
愿望依然存在。

徐方赋 学生只是希望多学到一些东西。

伊格尔顿 是啊。对我而言，我的平台不只在曼大，我的平
台是整个世界。我到处走，走到哪里都有学生。即使我在牛津待
了三十年，我也没有觉得我只属于牛津，那只是我常待的地方。
因为我们所研究的问题，无论是文化、艺术还是政治，这些都是
全球性的问题、国际性的问题，这些问题绝不囿于曼大这样一个
平台。

王杰 您的著作有十多部已经译成中文在中国出版，也就是
说您在中国同样拥有大量读者，他们同样也关心您的研究和未
来。您能对他们说点什么吗？

伊格尔顿 非常高兴我的书在中国有众多读者，中国读者一
直对我给予巨大支持。我去中国时非常高兴见到很多中国学生，
将来有机会再去中国，希望见到更多的中国学生。

王杰、徐方赋： 非常感谢您在离开曼大前再次接受我们的访
谈，衷心祝愿您离开曼大后一切顺利，希望将来有机会和您再
见！

（徐方赋、王杰根据录音整理、翻译，本访谈的时间为2008
年5月15日上午，星期四，正在英国曼彻斯特大学访学的王杰
教授和徐方赋教授在该校艺术、历史与文化学院对特里·伊格尔
顿教授进行第二次学术访谈；这是特里·伊格尔顿在曼彻斯特大
学工作的最后一天，显得比平时格外忙碌。次日，即回爱尔兰的
家休整一段时间，随后将赴美国继续他的学术生涯。）

关于"美育代宗教"的杂谈答问

——李泽厚访谈录

晓 名

[美学家简介] 李泽厚（1930—   ），中国社会科学院哲学研究所研究员，1988 年当选英国巴黎国际哲学院院士，1998 年获美国科罗拉多学院（Colorado College）人文学荣誉博士学位，1992 年赴美国执教，1999 年退休，现居美国科罗拉多。主要中文著作包括《康有为谭嗣同思想研究》（1958）、《美学论集》（1979）、《批判哲学的批判》（1979）、《中国近代思想史论》（1979）、《美的历程》（1981）、《中国古代思想史论》（1985）、《李泽厚哲学美学文选》（1985）、《走我自己的路》（1986）、《中国现代思想史论》（1987）、《华夏美学》（1989）、《美学四讲》（1989）、《世纪新梦》（1998）、《论语今读》（1998）、《己卯五说》（1999）、《实用理性与乐感文化》（2005）、《历史本体论》（2008）、《伦理学纲要》（2010）。《美的历程》（*Path of Beauty：A Study of Chinese Aesthetics*，1989）被翻译成英文、德文、日文、韩文等多种文字，近期被翻译成英文的著作有：《美学四讲》（Li Zehou and Jane Cauvel，*Four Essays on Aesthetics：Toward a Global Perspective*，2006）、《华夏美学》（The *Chinese Aesthetic Tradition*，2009）。

一　语言是存在之家?

晓名　你的"人类学历史本体论"谈论了认识论、伦理学、美学,对宗教却很少论说,今天想请您谈谈。

李泽厚　《历史本体论》、《论实用理性与乐感文化》(下简称《实用》)谈了一点,没作展开。但我所有论述大都如此:点到为止。

晓名　宗教还是谈得太少。

李泽厚　基督教、佛教都是教义复杂、内容深邃,其中有争议极多的艰深课题,外行怎敢贸然闯入。现代宗教社会学和宗教心理学也如此。要作通俗化的一般论议,就更难了。

晓名　人们说任何学理特别是哲理,只有真正融会贯通了以后才能通俗化。好像 Kant 也这么说过。您近年好像在走这条路?

李泽厚　不敢说"真正融会贯通",而是衰年不得已也。《论语今读》是中国传统注疏体,答问是宋明语录体。哲学本是从对话、答问开始的,属于意见、观点、视角、眼界,而非知识、认识、科学、学问。通俗的问答体可以保持论点的鲜明性直接性,不为繁文缛辞所掩盖。当然,也如我所说,难免简陋粗略,有论无证,不合"学术规范"。但有利总有弊。也许,利还是大于弊吧。《朱子语类》不就比《朱文公文集》更重要,影响也大得多么?

晓名　这倒是个有趣问题,值得开发。

李泽厚　既然学者们崇拜西方,这里抄两段外国名人的话:"由此看来,'主体'与'客体'均是形而上学,它们早在西方'逻辑'、'语法'形式下霸占了对语言的解释。今天我们才开始发现其中被遮蔽的东西,语言从语法中解放出来以进入更实质性的建构,留给了思的诗性创造。"(Heidegger, Basic Writings p. 194）

　　"当哲学家使用字词——'知识'、'存有'、'主体'、
'我'、'命题'、'名称'——并且想抓住事情的本质时，我们
必须时时问自己：这些字词在一种语言中，在它们自己的老家中
是否真的这样使用？——我们要做的是把字词从形而上学的用法
带到日常用法。"（Wittgenstein，《哲学研究》，汤潮、范光棣译，
第116页）

　　也可以说，这都与"通俗化"有关。"通俗化"不是一个肤
浅问题，它要求把哲学归还给生活，归还给常人，又特别是宗教
问题。但他们两人又都没这么做，他们的书仍然是非常难懂的
"哲学"著作，既无诗情，也与日常生活和日常用法无干。虽然
Wittgenstein 启迪了人们对哲学语言进行仔细分析。

　　晓名　他们都谈论语言，20 世纪可说是广义的语言哲学的
天下，在英美，分析哲学便统治了数十年。

　　李泽厚　Wittgenstein 的名言，对不可言说的便应保持沉默。
但 W 仍然言说了好些不可言说的，如宗教。W 强调宗教并非理
知认识，而是一种激情信仰。这激情和信仰可以改变人的生活方
式。Heidegger 那句名言"语言是存在之家（房屋）"，大概可作
多种解说。在我看来，"语言是存在之家"的"语言"实际是超
越人类语言的"语言"，是那个"太初有言"的"言"，是耶稣
基督。从而存在的家园，是上帝，是宗教信仰。当然，那个
"言"（the Word）是动态性的说话。它转成希腊的 logos 而"道
成肉身"即耶稣。这里面有好些深邃奥妙的问题，我无力多涉。
应注意的是，"存在"（Being）由此也是一动态性的过程或开
展，将之与中国"生生之谓易"即 becoming（生成，变易）相
比较时，不能忽视这一点，即使有 Parmmides 的"不动的一"的
渗入。Being 尽管不必全非物质性的（Heidegger 的 Being 如我以
前所强调，就绝不是纯精神性的），但比起中国 becoming 的明显

物质性来，其精神的超验一元性仍相当突出。H 是无神论者，后期讲天地神人，最后说了"只还有一个上帝能拯救我们"。语言是公共领域，所言说的主要是有关人类公共认知的事务和事物。只有超越它，回到那个"太初有言"的"言"，才能找到真正属于个体自己的归宿体验。W 或 H 之所以比分析哲学家如 Carnap 等人高明，正在于他们肯定和保留了这个形而上学的宗教信仰和感情问题。中国禅宗强调只有排除概念和超越语言，才能真正悟到"佛祖西来意"。20 世纪 60 年代 K. T. Fann（范光棣）写过一本讲 Wittgenstein 与禅的书，曾颇有影响。

晓名　那么公共语言就不重要了？

李泽厚　非也。恰好相反。如我以前所强调，语言绝对不能只在人们交往、沟通的视角下去了解，而是要特别注意它的语义产生在使用—制造工具的人类实践活动中。语言通过语词（概念、观念）语句（判断、推理），将混沌的经验、记忆，整理、安顿和保存起来，传流下去，是人类历史的保存者和储存器，也是内在人性能力的对象化和符号化。它与物质工具一起，形成了"人禽之别"，成了人之所以为人的实证产品。这也就是"太初有为"（参阅拙作《论语今读》）→"太初有言"（此"言"乃人类语言，而非上帝之言，非"道成肉身"的耶稣）→"太初有字"（参阅拙文《中国文化的源头符号》）→"太初有史"（参阅拙文《说巫史传统》）的"太初有道"本身的道路。"太初有言"是神的动作、创造、道路，"太初有为"是人的动作、创造、道路，即以创造—使用工具为本体存在基础的生活和生存。人的语言把人的动作、创造、道路、生活和生存保留起来，传给后代。在这个意义上，语言确是存在之家，是语言说人而非相反，因为人的生存延续就存在于这个人类的经验记忆的历史性之中。满载着历史经验的公共语言，成为人的生存、延续即"人活着"的基本条件。

　　但是，另一方面，这种公共语言，这种满载经验、记忆的历史性的语言，却又常常不能成为个体感情—信仰所追求、依托的对象。人们所追求依托的恰恰是超越这个有限的人类经验、记忆、历史的某种"永恒"、"绝对"、"无限"的"实在"、"存在"、"本体"、"神"，认为那才是人所应住的归宿和家园，"语言是存在之家"在这里便是超越公共语言的"语言"，即神。今天谈宗教信仰，主要是讲后者。

　　晓名　这问题对于个体来说，就是"生活本义"或"人生真谛"究竟何在的问题，是在语言的理性、认识，还是在超语言的情感、信仰、神？您讲人性能力，又讲人性情感，其中的关系如何，似乎也与这个问题有关？

　　李泽厚　这都是非常复杂的问题。一言难尽，一书也难尽。

　　晓名　那么，最简单化地谈谈。

　　李泽厚　简单化也就是大而化之，窥其概貌。但也得分好几个层次或问题来谈。

　　晓名　仍然从您较少谈及的宗教和信仰谈起吧。

　　李泽厚　宗教和信仰是理性的还是感性的，就很复杂。各宗教都有各种不同派别，有各种不同论说。但信仰很难用理性（理知推论）来论证，则实际是普遍特征。刚才已说，Wittgenstein 强调宗教信仰无需理性思辨或论证，它只是情感问题。情感当然是感性心理的重要部分。人类学历史本体论曾认为 Heidegger 的贡献在于突出了"心理成本体"，便包含这个意思在内。拙文《伦理学答问》则特别强调了脑科学，寄希望于它的未来发展，期望有一天脑科学通过神经元的通道、结构等，来实证地解说人的许多心理，其中包括人性能力的认识（理性内构）、伦理（理性凝聚）、审美（理性融化），也包括有关宗教信仰的感情问题亦即有关"神"的某些问题。

　　晓名　这是牵涉心物（脑）一元或二元的古老哲学难题。

李泽厚　人类学历史本体论当然持心脑一元论，认为任何心理都是脑的产物，包括种种神秘的宗教经验，没有脱离人脑的意识、心灵、灵魂、精神、鬼神以及上帝。科学实证地研究非语言所能替代的人的各种情感、感情、经验，十分重要。Wittgenstein便研究、讨论了好些心理词语。在20世纪，“反心理主义”占了主流。所以我提出反“反心理主义”。

晓名　您多次说神秘经验是宗教信仰的“底线”，各宗教包括具有宗教性的儒学也如此。各种“启示”“顿悟”“良知”“当下呈现”……都可纳入这个范围。未来脑科学真能解释吗？

李泽厚　我相信可能。这当然也是一种信念，但它有一定经验依据。记得20世纪60年代美国某大学便曾用毒品引起的幻觉实验，来验证西藏《死亡书》载述死后灵魂游走的神秘经验。一两百年后，我想脑科学完全可以解说甚至可以复制今天看来十分神秘的某些宗教经验。人类学历史本体论所讲的“自然的人化”（经由社会文化所后天建立的神经元通道和结构）和“人的自然化”（通由气功、瑜伽等实现人与宇宙节律相呼应等神秘现象），期望都能在未来的脑科学中得到确认和解答。各种宗教关于“良心”（内）“恩典”（外）各种深奥繁复的教义和论证，实际上最终仍然落脚在神秘经验上，成为情感—信仰的真实基础和“底线”。

晓名　看来您是个科学主义者？

李泽厚　我不是什么“科学主义”，但也确不同于现代大哲如Heidegger等人反对和贬低现代科技。我仍然对之寄予厚望。尽管现代科技潜藏着毁灭整个人类的极大危险，为人类历史所从未曾有，但我以为只要重视历史，讲究生存，可以相信人类终能掌握住自己的命运，特别是对人的头脑进行了深入研究之后。

晓名　研究脑与掌握人的命运相关？

李泽厚　人对自己的确了解得太少，21—22世纪恐怕应该成为核心研究对象，这不但对人们生理健康，而且由于对人的思想、情感、行为、意识，也包括宗教情怀和神秘经验作出实证的科学了解，这便非常有益于人类和个体去掌握自己的命运。最近我读 Gerald Edeleman 的书，极感兴趣。这位当代神经科学大家继承了 W. James 和 J. Piaget 的路向，从脑科学即神经科学（neuroscience）出发，强调意识（Consciousness）绝非实体，而是大脑神经元沟通、交流的化学动态过程（process），也就是我以前所说动力学的"通道""结构"。这个"过程"也就是"通道""结构"的建立。这个"过程"一停止运作，意识、心灵、灵魂就不再存在。如中国古人所讲"油尽灯枯"、"形谢神灭"。一些宗教教派也承认这一点，即并没有独立的不朽的灵魂。这里重要的是，这个化学动态"过程"即此"通道""结构"，并不是逻辑（Logic）的语言设定，而是多元、偶发的选择性的模态建立。即使孪生婴儿，各种先天因素和 DNA 异常接近，但他们神经元的动态过程、通道、结构却仍然独一无二，彼此不同，即具有个体的选择性，此即历史性。这正是我所强调的"个性"所在。大脑所产生的意识并无前定程序，不是逻辑推论，而是偶发、多样的时空历史的结构产物。偶然性和积累性是人的历史性存在的特征，不管外在或内在，社会或头脑，宏观或微观。

晓名　但您在《己卯五说》是说到硬件、软件。

李泽厚　这里要澄清一点，那只是个譬喻，譬喻总是跛脚的。要避免一种误会，把人的意识看作是电脑软件的程序设计，我没有那种意思。我非常赞同 Edelman 的看法：一方面，意识非独立实体，它只是大脑实体的功能，并不神秘；另一方面，人脑并非电脑，意识不只是逻辑程序，它不是千人一面的固定的软件设计。但 Edelman 还没对人性能力、人性感情等作区分，没指出认识、伦理与审美—宗教感情在脑神经元结构、通道、过程中的重要差异和各自拥有的具体特征。脑科学还处在婴儿阶段，这些问题的解说至少是 50—100 年以后的事。

晓名　您所说的"人性能力"与"人性情感"的区分究竟何在？

李泽厚　以前已经多次说过。其不同在于：作为认识（理性内构）和伦理（理性凝聚）的脑神经的通道、结构的特征，是后天社会文化的规则、要求作为理性主宰、束缚、规范，钳制着动物性的感性；而作为审美（理论融化）和宗教感情的神经通道、结构的特征，则是后天社会文化的理性规则、要求，融入、渗透、交织在人的动物性的感性中，从而它的感性和情感（个体生理欲求、动力）因素更为突出（其中，许多宗教教义由于与伦理道德规则紧密相连或混为一体，其中理性主宰的状态又极为突出）。当然，所有这些"融化""主宰""渗透"等都是些无力、乏味的日常形容词句，只有未来脑科学才能用确切的科学术语和命题来描述它们。今天哲学所能表达的只是这样一种视角、观念和期望罢了。

晓名　这里一个问题是：脑科学所处理的是人类普通性的结构、通道，并不涉及个人的思想、感情。

李泽厚　不对，上述 Edelman 强调的，恰恰是脑通道、结构由个体选择性的动态过程所产生的千人千面式的功能。拙作《历史本体论》指出文化心理结构亦即"积淀"有三个层次，即人类的、文化的、个体的。积淀论还反复强调，个体因为先天生理不同和后天教养不同，即使同一社会文化所形成的个体心理的"积淀"和"情理结构"仍大有差异，它表现在认识上和道德上，更表现在审美感情和宗教体验上，即不仅表现为"人性能力"的不同，也表现为"人性情感"的差异。"普遍性"的文化心理形式只能实现在各个不同的个体的选择性的过程、通道结构中。

晓名　这也是个哲学问题。

李泽厚　"一室千灯。"世界只是个体的。每个人各自拥有一个属于自己的世界，这个世界既是本体存在，又是个人心理；既是客观关系，又是主观宇宙。每个人都生活在一个特定的、有限的时空环境和关系里，都拥有一个特定的心理状态和情境。"世界"对活着的人便是这样一个交相辉映"一室千灯"式的存在。所以，很难在公共的语言中去寻找个体的家园。家园各自在个体的心灵里，在你、我、他（她）的情理结构或积淀里。如前所说，艺术的意义就在于它直接诉诸这个既普遍又大有差异的心灵，而不只是具有普遍性的科学认识和伦理准则。艺术帮助人培育自我，如同每个人都将有只属于为自己设计但大家又能共同欣赏的服装一样。

晓名　这是否说，科学（认识）和伦理（道德）培育塑造人性能力，审美和宗教不仅培育塑造人性能力，而且还培育、塑造人性情感？

李泽厚　当然这也只是相对而言。要注意的是后者更为复杂多样。审美—艺术经验可以有千百万种。宗教经验也是千差万别，从"肤浅"的或可以言说的信仰、感情、激情到难以言说、不可理解的"与神同一"等神秘经验，便颇不相同。就是这个"与神同一"也千差万别，它们也常常是"独一无二"的。所以禅宗说"悟"要自己去寻得，没有一般的途径或普遍必然的法则可循，更不是通由语言所能解说或得到的。

晓名　为什么说神秘经验或神秘感情是宗教的底线？

李泽厚　这就是一开头所说，因为宗教信仰不是以理性的知识，而是以感情经验为依据，我称之为通向上帝的"感性神秘之道"。神秘经验尽管已有许多概念、认识因素掺杂在内，但仍是以个体情感的感受、体验、"启示"、"顿悟"为最后依据。虽然并非每个信仰者都能获得，正如"奇迹"少有一样。正宗教派和教义经常摒斥神秘主义和神秘经验，但实际上各宗教的被宣传和被信仰，却大都是以这种非理性的情感体验来作为基础的，所以说是"底线"。

晓名 感情本身是否理性的？

李泽厚 情感、理性这些词都是日常语言，含义混杂，已有好些专门论著讨论过。有的专著说情感本身即理性的（rational）。因为动物族类的基本情感（怕、爱、怒等）都是为了个体和族类生存，它们通由生存竞争的进化过程而产生并遗传，都是"有理由的"或"合理的"。这样的"理性"一词当然不在我的用法之内。把所有情感和本能都说成是"理性"的，"理性"一词也就没有什么意义了。人们常说"没有无缘无故的爱，也没有无缘无故的恨"，即感情中有理性的动机、动力或基础，但它们至少又可以分为有意识的（自觉）或无意识的（不自觉）。人作为动物，与动物有相同的基本情感和生理本能，如上述的惧、爱、怒等，但人作为人，这些动物生理性的情绪、情欲、情感等本能也已有理知认识因素的渗入，而且人还有如耻、罪、忠等认识—伦理等理知因素渗入更明显而为动物所无的情感和感情。又如感情常常与感觉（sensation）紧密相连，但两者并不能等同，许多疼痛便只是生理（动物）性感觉而并非社会性感情。

晓名 这完全是心理学的问题了，我们不谈。还是回到宗教信仰本身吧。您认为它的前景如何？

李泽厚 以前总以为科技和文明越发达，宗教信仰会越减弱，其实不然。宗教原先是作为群体性的社会文化现象，来自社会群体为维护自己族群的生存延续而产生，宗教社会学对此有大量的研究论证。但现当代以来，社会生活的不确定性、偶然性急剧增大，个体愈益感到命运不可预测和难以掌握，宗教信仰作为个体掌握命运、规划生活的需求便日趋突出。而物质文明的畸形发展，人们感到精神生活的苍白贫困和无可寄托，使人们对人生意义、生活价值以至永生不朽等的探寻追求也大为增强。其中，所谓"追求不朽"就包括了怕死的因素。现代生活使个体生存意识突出，怕死也越来越突出。总之，人活着怕死、难以掌握命运和探寻人生意义，这三点使宗教信仰在今天不是越来越稀薄，而是越来越强大、浓烈。虽然因社会、政治、文化传统的差异和变化，宗教信仰的形式可能改变，具体宗教信仰可能更多样更分散，但人觉得相信点什么才好活下去，才能活得更"踏实"，却可能越来越普遍。有如 Uramuno 所说，"信仰上帝首先是渴望有上帝存在。"有"上帝"存在，你才感到你的生活、生命、人生有意义、有保障、有嘱托、有依归。Wittgenstein 说"我们可以把上帝称为人生的意义，亦即世界的意义。""祈祷就是思考人生的意义。""无论如何，在某种意义上，我们是有所依赖的，我们所依赖者则可称为上帝。"至于这个上帝，可以是耶稣基督，可以是安拉真主，可以是佛祖菩萨，可以是众多神明。

晓名　但即使就个体说，在精神追求外，仍然有现实功利的方面。

李泽厚　是这样，关于精神拯救或追求，下面还要谈。世俗功利则本是宗教之所由。至今许多人信仰神明仍然是为了治病防灾、求财祈福、保平安、求健康，等等。

晓名　但上面您说怕死是宗教的起因？

李泽厚　宗教是种社会现象，起因并非个人怕死，而是群体生存的需要。就个体心理说，人们追求各种不朽，从最简陋的肉体复活到最精微的灵魂拯救和名声不朽，如中国传统的"三不朽"，又都有这"怕死"因素在作底色。死亡逼出了存在，死亡逼出此在来敞开存在。人都有死，却希望长生。"活下去"是一种比食、色还要强大的动物本能。当这动物本能呈现在人的意识层面后，便产生了"不朽"观念。人生本渺小、有限，追求去接近或投入那个永恒、无限便成为人们不断思索、感叹、追求、探索的课题。就中国说，"物—志—礼—乐—哀"（郭店竹简）的深沉理论，欢乐中不断提示死亡的汉代宴席挽歌，古诗十九首"出郭门直视，但见丘与坟""万岁更相连，圣贤莫能度"的感慨万千和无可奈何，魏晋名士"树犹如此，人何以堪"，服药行走追求长生而不断失败，都表现得十分鲜明直接。白居易诗"……早出向朝市，暮已归下泉。形质及寿命，危脆若浮烟。尧舜与周孔，古来称圣贤。借问今何在，一去亦不还"。白已尽富贵荣华、显赫声名之极，世俗功利已无可求，但就是解决不了这个死亡问题而惶恐不安，再三咏叹。在世俗功利之外的对宗教信仰的感情正由此起，儒家不谈生死，便使佛教在中国得到了广泛传播。埃及有大量木乃伊追求复活。基督教说，人有原罪必须死亡，只有信神才能得到灵魂不朽甚至肉体复活。所有这些，也是围绕着这个死亡问题旋转。但真能解决问题吗？仍然不能。

晓名　您引过 Einstein，说根本没有什么"不朽"，不管是"灵魂"还是"肉体"，也包括"名声"。万年以后，今天再大的名声也少人知晓，您也引过 Heidegger，说不朽只是骗人的，都是因为怕死之故。

李泽厚　"三不朽"表现出人想战胜死亡的努力，即以道德、事功、著述战胜死亡。这都是以群体的理性意识得出的论断，来解决个体肉体生存永久活下去的本能欲望。由于有死和由于"人活着"本身的有限、无能、软弱和不确定，使人易于从感情上和信仰上接受这些，特别是去追求、去依附至大至高无限无极的不朽的人格神，以获取生活意义，求得人生安顿。有如《美的历程》所述说，人的渺小塑造出神的伟大。最伟大的当然就是与人迥然异质、绝对主宰和超越经验的唯一神：上帝。

晓名　于是这在理论上思辨上就造就成神与人、超验与经验种种复杂问题。

李泽厚　基督教有耶稣二性（神性与人性）、"三位一体"、"道成肉身"的各种解说、争论、辩驳、冲突、禁令、讨伐甚至杀戮。在现代强调神人绝对不同，上帝是全然的异者（"Wholly other"，如 Karl Barth）即"神人不一"，与以人的宗教体验为核心及出发点的自由派神学（所谓神学的 Kant 的 Schlermacher）即"神人不二"之间的矛盾、争论便如此。

晓名　于是折中的办法就是"神人不一又不二"了。而折中式的摇摆于不一不二之间，更可以有多种形态，发展出了各种复杂的神学理论。

李泽厚　实际上仍然是重重悖论。它仍然不是理知或理性所能解决的问题，仍然只能归结于信仰—感情的状态或样式。

晓名　Martin Buber 提出了"自失"与"自圣"的缺点错误。

李泽厚　这也涉及感情本身的状态。我在《实用》文下篇"情本体"中说过，有形形色色的神秘经验和感情体验，可以有"客体上帝进入主体"即相当于"自圣"，或"主体投入客体"即相当于"自失"，这种种体验、感受都是"使人获得某种超越了自我的渺小、软弱和有限的感情心理状态，或自我净化，或罪孽消失，从而或兴奋狂喜，或恬静祥和，或战栗恐惧，或敬畏欢欣，也或由之而失常癫狂"（《实用》）。各宗教通过苦修、顿悟、瑜伽、念咒、跳舞等方式获得的这种意识状态，被认为"通神"，即超出现存经验世界，成为"真实存在""终极状态""原初样貌""本体境界"。

晓名　您多次提及，好些宗教以肉体痛苦换取这种状态取得精神安适或欢乐，中国较少。为什么？

李泽厚　我以为这是一个文化史问题，它与中国文明"早熟"性的"巫史传统"有关。即"巫"的早熟性的理性化，将原始巫术和宗教所共有的许多来自动物性的迷狂、自虐、恐惧等因素排除、融解了。当代对施虐狂、受虐狂的实证研究说明，以肉体痛苦求快乐与某种动物生理欲求有关。某些宗教教派把这种动物生理性的倾向、欲求用观念、思想将之理论化，成了一种反理性的信仰、主张和情感。而在中国长期农耕社会和高度秩序化的礼治下，许多动物性的欲求、感受包括这种追求肉体的痛苦，被长期压抑、排斥、消除掉了。中国古代就没有遗留下像希腊神话或《圣经·旧约》那么多的狂暴、恐惧、孤独和情欲宣泄等等非理性、反理性的故事、史迹及其感情遗产，替代的是庄严肃穆、浑浑噩噩的《尚书》政令和温情脉脉、"怨而不怒"的抒情篇章（《诗经》）。以致后代讲求"天人合一"、"与神同一"的人生境界，也以不伤生毁性而是以平宁愉悦、秩序感受而为特色，颇不同于以鞭打身体、缩食断色、自残自虐、极度折磨，包括渴求拯救却不可确知的极度焦虑和紧张等，总之使灵肉、身心激烈冲突所造成感情的矛盾、动荡、痛楚、苦难来获取净化和"圣洁"。中国没有"沉重的肉身"问题，相反，是在肯定这个物质性的生存世界，肯定这个"沉重的肉身"的重生、庆生基础上来追求精神的超越或超脱，这也就是以"天地境界"为最高情感心态和人生境地的审美主义传统。

二　天地境界

晓名　审美主义传统？

李泽厚　平和、恬淡、宁静而又刚健、坚韧、"日日新"的阴阳互补的精神动态。它的前提或设定不是一个与人异质的精神性的上帝，而是一个虽至高至大、无与伦比却与人同质的"宇宙—自然的协同共在"，即"天地"。

晓名　这也就是您所说的可敬畏的"物自体"？

李泽厚 是也。我说的"物自体"实际也就是中国传统的"天地"。这"天地"或"宇宙—自然的物质性的协同共在"并不是一堆蠢然无知的物质死物，而是具有动态性"规律"的存在。所谓"协同共在"即"规律性"之意，但不是任何具体的规律、法则。敬畏这个外在的具有规律性的"天地"是非常重要的。《论语今读·16.8》认为宋明理学弃畏讲敬，不符合儒学原典，曾引用钱穆的话："畏者，戒之至而亦慧之深也。禅宗去畏求慧，宋儒以敬字矫之，然谓敬在心，不重于具体外在的当敬者，亦其失也。"寥寥数语，我以为比牟宗三讲述中国传统的万千语言更为到位。

晓名 您上面认为，"语言是存在之家"，与"太初有言"有关。但您又说在中国，不是"太初有言"而是"天何言哉"，不是"天主"（God）而是"天道"。如何说？

李泽厚 这次谈话是从宗教信仰说起的，因此这里我要讲"畏"的重要性。以前我老讲在中国"人道"即"天道"，今天我则要讲"天道"又并不能等同于"人道"。"天""地""人"三才，"天地"毕竟大于"人"。依据中国古典，"人伦"高于鬼神却低于"天道"（参阅《大戴礼记·本命》）。只是这"天道"并不是那能具体地发号施令、有言有语的人格神天主（上帝），而是"天何言哉"却又"四时行焉，百物生焉"，具有协同共在规律性的神明行走。这种"天地"即"天道"，即"神意"。

晓名 为什么要强调"天道"不能全等于"人道"，而且要"畏天道"呢？

李泽厚 今天强调"畏天道"（亦即"畏天命"。"天道""天命"同具非人格、不确定的特征，在此可互换使用，下同），就是强调要进一步突破中国传统积淀在人心中的"自圣"因素，克服由巫史传统所产生的"乐感文化""实用理性"的先天弱点，打破旧的积淀，承认烦惑、惶恐于人的渺小、有限、缺失甚至罪恶，以追求包含着紧张、悲苦、痛楚在内的新的动态型的崇高境界，使"悦志悦神"不停留在传统的"乐陶陶""大团圆"的心灵状态中，而有更高更险的攀升；使中国人的体验不止于人间，而求更高的超越；使人在无垠宇宙和广漠自然面前的卑屈可以相当于基督教徒的面向上帝。正因为"上帝死了"，这种"畏天道"便具有人类普遍性，而不止于中国。宗教在这里便可以成为审美感情的最高状态。"畏天道"成为"人的自然化"的最高要求和"情本体"的终极境地。所以它恰恰又是中国传统在今日走向世界的发展昂扬。

晓名　您在《历史本体论》里说过"怕"，认为"天道""并不完全离开'我活着'这个感性生命的存在者却又并不完全等同于你—我—他（她）的全部总和，这就是乐感文化的神"，"那灿烂星空、无垠宇宙，秩序森然，和谐共生，而自我存在却如此渺小，不怕吗？"等等。

李泽厚　我在《实用》文里强调："宇宙本身就是上帝，就是那神圣性自身。它似乎端居在人间岁月和现实悲欢之上，却又在其中。人是有限的，人有各种过失和罪恶，从而人在情感上总追求皈依或超脱。这一皈依、超脱就可以是那不可知的宇宙存在的物自体，这就是'天'，是'主'，是'神'。这个'神'既可以是存在性的对象，也可以是境界性的自由；既可以是宗教信仰，也可以是美学享（感）受，也可以是两者的混杂或中和。"《历史本体论》一书扉页引用了 Einstein，《实用》文说"Kant 相信这个'神'，Einstein 相信这个'神'，中国传统也相信这个'神'"，指的都是这个非宗教又准宗教性的审美主义的感情—信仰的"神"、"天道"或"天地"。这种感情—信仰也就是"天地境界"。

晓名　所以您经常把美学和宗教连在一起提，认为后者是前者"悦志悦神"的最高层次，它们都属于感情？

李泽厚　是也。宗教情怀浓重的 Wittgenstein 经常把 W. James 的《宗教经验种种》放在案头。他重视不是某种具体的宗教教义，而是宗教感情。Kant、Einstein 等人也这样。只是他们这种感情却自觉或不自觉地受着犹太—基督教传统的笼罩，而仍与中国人有所不同。

晓名　通由感情，审美与宗教是相通的，构成重要的哲学部分或内容？

李泽厚　所以我说美学是第一哲学，它是中国人的"世界观"。这里我愿引用赵汀阳的一段话："我们看不到世界本身，但可以选择某种世界观。……按照人性的感性偏好去想象，有着优美秩序、有条有理的世界图像，这就是明显的美学选择。世界图像的优美秩序不可能证明是真是假，但按照美学观点所想象的世界观却是思维的基础。""美学的真正主题是整个世界，是整个感性生活，而不是艺术……人的感性生活最终要落实在'乐山乐水'诸如此类的天人关系中……这一中国式的'宏大美学'被李泽厚认为才是真正的美学。"（《读书》2007 年第 2 期，第 126、128 页）

晓名　这不就是您在《实用》文中特别强调的不可知的"物自体"的观点吗？

李泽厚　我在该文以"美学作为第一哲学"与"物自体"问题作为上、下篇的两处终结，其含义就在指出，宇宙自然作为总体超越于人的认知，人对宇宙的经验（包括天文学家）也总是有限的。关于宇宙总体只能是一种理论推论的设想和假说。因为就总体说，宇宙—自然超出因果范围。因果只是人从感性经验世界中通由实践所产生形成的概念和范畴（见《批判哲学的批判》一书及《实用》文）。宇宙为何存在本身超出了这个范围，所以是不可理解的。Wittgenstein 说"神秘的是世界就如此存在着",我以为就是这个意思。宇宙存在和在根本上会如此这般的存在（即这存在为何在根本上具有规律性，即我说的"协同共在"）是不可以用理知去认识、解说的（至于可经验的宇宙自然存在的具体规律性，则是人的发明或"发现"，即可认识解说的）。Kant 由"二律背反"走向不可知的"物自体"的深刻性，我以为也在这里。这是"理性的神秘"，即不是理知（概念、判断、推理）所能处置对待的"神秘"。它不同于上述感性神秘的宗教经验。但可以引发更深刻的敬畏感情和信仰体验，也可以与"感性的神秘"即神秘经验相沟通汇合。

晓名　"理性的神秘"？

李泽厚　所谓"理性的神秘"指不是通由理知的推论所能认识，但理知推论可以设想和思考其存在，也就是 Kant 说的"不可知之，但可思之"。上帝作为理性的先验幻相便属于这一范围。

晓名　那么，你承认或信仰上帝？

李泽厚　非也。但这里我首先要提及的是中世纪经院哲学家 Anselm 对上帝存在本体论的理性证明。1952 年我读到它时感到震惊，觉得了不起，比宇宙论、目的论的理性证明强多了。上帝当然没法用理性证明，从 Kant 到 Wittgenstein 讲得很清楚。Anselm 的证明是错误的。但他的这个证明本身似乎简单却异常精美，很有逻辑力量。他说：上帝既是人人心中都有的一个至高存在，所以它必然存在，否则就自相矛盾（不是至高至上，无与伦比了）。

晓名　许多人早就驳斥过 Anselm，说你想象你口袋里有一百元钱，并不等于或包含你口袋里真有一百元钱。

李泽厚　这恰恰误解了 Anselm。A 讲的是无限的未可经验的上帝，不是任何可经验的有限感性对象。这些经验对象设想其存在而实际不存在是完全可能的；但那个至高的上帝，按 Anselm 却不可能在人心中不存在，所以它就必然客观地存在。

晓名　这与您何干？

李泽厚　Anselm 的上帝以"人人心中都有"的"经验"作支撑，但并非古往今来且不分地域、文化、年龄的"人人"都有此经验。所以这推论的前提不能成立。《历史本体论》的"天地"或"宇宙—自然物质性的协同共在"，则是以人人均有的有限时空经验作支撑，从而前提和推论便都可以成立。即是说那个有言有令的精神性实体存在的上帝并非"人人心中都有"的经验，而物质性的有限时空却是人人都有的经验。因之，历史本体论所推论应"敬畏"那人赖以生存的不可知的"物自体"，亦即"世界如此存在着"，便具有真正的客观社会性即 Kant 所谓的普遍必然性。"理性"与"神秘"本是相互排斥的，这里所谓"理性的神秘"，指的只是由理性而推导至不是理性所能认识和解答的某种巨大实体作为敬畏对象的感情存在，而仍然不是理性认识。

晓名　您的这个"上帝"是物质性的"天地"，但有人以为中国传统的所谓"天地境界"只是低级的"自然境界"。

李泽厚　冯友兰《新原人》早讲过二者相似而根本不同。"自然境界"只是一种生物本能的生存境界，"天地境界"恰好相反。当然，你要进一步推论，认为这个无垠宇宙是由某种人格神如基督教所讲的全知全能的上帝所创造，也是一种并无经验支撑的逻辑可能性。但的确是这种逻辑可能性，在基督教传统的历史和心理的支配下进入感情，使直到当今西方的许多大科学家哲学家乃然相信上帝，更不用说一般老百姓了。

晓名　在您看来，这个"理性的神秘"所推论的神明高于"感性的神秘"（即宗教神秘经验）的神明？

李泽厚　"感性的神秘"或神秘经验可以由未来的脑科学作出解说、阐明甚至复制，它的"神明"也就很难存在，变得并不神秘。"理性的神秘"却不是脑科学和心理学的对象，也不能由它们来解答。"世界如此存在"不是神秘经验即不是"感性的神秘"，而是由于超出因果等逻辑范畴从而理性无由处理和解答的"神秘"，这大概是永远不可解答的最大的神秘，也是将永远吸引着人们去惊异、思索的神秘。感性神秘经验不具普遍必然性，经常只是极少数人能感受或获得，无法普遍证实。几大宗教之所以有各种经典、教义，就因为"感性神秘"难得又期望人们接受信仰，从而才作出各种理性的推论证明，使之具有"普遍必然"。但从理性上恰恰没法论证信仰，没法论证超验的精神实体即上帝人格神的存在。所以也才有"正因为荒谬，我才信仰"，"不理解才信仰"，"信仰之后才能理解"种种说法。

晓名　既不承认人格神的上帝，那么，又何谓"理性的神秘"中的"神明"呢？

李泽厚　所谓"理性的神秘"中的"神明"也就是说宇宙—自然本身就是神明，它既不是超宇宙—自然即宇宙—自然之上之外的神明，如基督教的上帝；也不是以任何局部自然如风雷雨电为神明，如原始宗教；更不是说宇宙—自然由于"神明"，它的各种具体变化和历史演进无由解释；而只是说，它的总体存在无由解释。这个无由解释的、不确定而又规律性的行走就是"神明"。

晓名　所以这便与您的"以美启真"联系起来了。

李泽厚　《实用》一文中的上篇就是将"以美启真"与这个不可知解的"物自体"相接连，认为作为总体的宇宙—自然规律性的存在是人们信仰的对象，各种具体的规律的存在如何得来，则是人通由自己的"度"的实践从而"创造"出来的。其中，不只是逻辑和理性，而且人的感受、感情、想象都起某种重要作用。如《实用》一文所强调，这才是解说 Kant 的"先验想象力"的关键所在，也正是"以美启真"的核心。前引赵汀阳文说，是人赋予宇宙—自然以优美的秩序。但这"秩序"并非是纯然主观任意，所以才有"美"与"真"的关系、个体感情与理性真理的关系问题。这才是奥秘所在。而这又并不只是认识论、科学发明发现问题，而且有存在论（本体论）的深沉意义在。

晓名　这是个深奥甚或神秘的问题。

李泽厚　去年读到当代大数学家 Michel Atiyeh 一篇讲演稿，讲数学是"发明"而不是"发现"，人的特征是在千万可能性中按美的规律去选择（香港《明报月刊》2007 年 2 月号）。这与我认为数学是感性操作抽象化后的独立发展和"以美启真"相当合拍，也与这个"神秘"问题相关。而人们之所以经常把"发明"当作"发现"，正是由于感情信仰的需要。Plato 的完满的理式世界之吸引人，也以此故。这就是宇宙—自然的"神明"。

晓名　您在《实用》文中说"庄周梦蝶还是蝶梦庄周这个老大难问题的回答，是必须有宇宙—自然与人有物质性的协同存在这个物自体的形而上学的设定……这个作为前提的必要的设定以审美情感—信仰作为根本支持。"这如何讲？

李泽厚　我在排列中国十哲中，把庄子名列第二。原因之一就在他有这种高度智慧和思辨能力。至今你也无法用理知推论来否定整个人生—宇宙不过是"蝶梦庄周"的一场空幻。佛家之所以能打动人心，也在于此。而"宇宙—自然物质性协同共在"之所以更具优胜性，如上所说，在于它以每个人都有的时空经验为依托。这所谓经验依托的缘由却仍然是"人活着"这一历史性的存在。"理性的神秘"以及它生发出深刻的敬畏以及神秘感情，可以使"人活着"更具意义和力量；即使你设想这经验、这"活着"也不过是一场梦，是"空"或"无"，但你却仍然把这个"空""无"不断地继续下去。即使人生短促，生活艰辛，生存坎坷，生命不易，从而人生如幻，往事成烟，世局无常，命途难卜，不如意事常八九，但人却仍然是在努力地活下来活下去。佛教来中国，转换性地创造出"日日是好日""担水砍柴，莫非妙道"的禅宗。这即是"天地境界"：即使空无也乐生入世，何况有那个协同共在的天地，人生便并不空无而是充满了历史的丰富。"逝者如斯夫，不舍昼夜"（《论语》），"及时当勉励，岁月不待人"（陶潜），不需要去追求另个世界，这也是我把孔子排在十哲第一的原因。

晓名　记得您说过，宗教天堂的构思不仅虚幻，而且乏味。

李泽厚　当然，这是一种世俗性的对佛教、基督教的想象和理解。实际上，"灵魂"本身就是一个多义的语词和复杂的问题。它也可以理解为非实体性的精神超越或增进，从而也就并不脱离物质的肉体而独存，这样灵魂就不能不朽。但就许多宗教信徒说，尽管《圣经》讲肉体复活，一般却较难相信常人肉体的永生、复活、不朽，从而灵肉分离、灵魂不配，成为所期望的情感—信仰寄托之所在。但没有了肉体，也就没有食色欲望和由此产生的种种矛盾、冲突、爱恨情感和理解。一切十全十美，圆善完满，实际上恰恰是同质、单调、极其贫乏无聊的。脱此苦海，舍此肉身，在满堂丝竹尽日笙歌的西方净土变式的佛家乐土或上帝天国中纯灵相聚，无爱无恨，无喜无嗔，即使天长地久，又有何意味？没有肉体生存，所谓"精神生命"才真正是苍白的空无。真乃"我欲乘风归去，又恐琼楼玉宇，高处不胜寒。起舞弄清影，何似在人间"，即使"人有悲欢离合，月有阴晴圆缺"，甚至充满苦难悲伤，也比那单调、同质的天堂要快乐。一切幸福和不幸，其意义和价值都在发现人的历史生命，都在实现、丰富和发展现实的人性能力和人性感情。"富贵福泽，将厚吾之生也，贫贱忧戚，庸玉女于成也。"（张载：《西铭》）这才是生命超乎自然、功利、道德的意义。其实基督教、佛教一些教义也如是说，只是儒学不设超验，使这一点更突出了。

晓名　精神生命本身不也可以丰富多彩吗？

李泽厚　上面已说，丰富多彩的精神生活恰恰是由现实世间人际的物质生活所引起、所发生、所造形、所成长。离开了人世间物质性肉身的种种事件、经验即历史所造成的一切感觉、感情、思想、意愿等，心如止水，一波不兴，也许有某种特别的神秘愉悦，但那神秘愉悦又能维持或保存多久呢？瞬刻可以永恒，但毕竟只是瞬刻。它毕竟摆脱不了这个沉重肉身的物质存在，除非去自杀。只有死才是无的圣殿。

晓名　那么这种您所说的"瞬刻永恒"的顿悟感受就是不重要的虚幻感受？

李泽厚　不然。这"顿悟"或神秘感受更容易使人进入"天地境界"。尽管山还是山，水还是水，一切如常，生活依旧，却因境界不同，对待生活（包括精神与物质两个层面）、处理事务，便不一样。我在《中国古代思想史论》里已讲过了。

晓名　如何说？

李泽厚　"瞬刻永恒"是我讲禅宗时说的，它是一种"感性的神秘"，即神秘地经验到自己与"神"与"天地"合为一体。就中国说，它源始于远古"诚则灵"的巫史传统，但这并不是进入"天地境界"的必要条件或充分条件。

晓名　那么"天地境界"是"感性的神秘"即神秘经验还是"理性的神秘"呢？

李泽厚　宋明理学包括现代新儒家冯友兰、牟宗三对此交待得都很不清楚。实际上可以两者俱是。但神秘经验也是别的宗教所追求的，如前所说，其种类繁多。特别是许多宗教教派的神秘经验经常要求通由自虐、苦修、疲乏其心智而后获得。儒家对待自虐、苦行等修为持守和对待奇迹、天启等神秘现象一样，都很少谈论。儒家大讲的"孔颜乐处"，即"天地境界"，大都是从理性角度讲的某种较持续、稳定的心境、情态、体验。当然,有好些也就是神秘经验,如孟子和阳明学讲的人"与天地万物合为一体","上下与天地同流",等等。但它们最终仍落脚为一种基于道德又高于道德而与宇宙万物相合一的感情所产生的较长稳定的生活心态和人生境界。

至于人类学历史本体论所讲的"天地境界",则承续这个中国传统,不强调神秘经验,而是由上述"理性的神秘"所开出的一种不执意世间物的广阔、稳定、超脱的感情、心境、状态。它包括孔子的"无可无不可",庄子的"真人""至人""神人",后世的"孔颜乐处",特别是它开展为对世间人际的时间性珍惜,即展开人的内在历史性,由眷恋、感伤、了悟而承担。它不同于受佛教深重影响偏于宁静、空无、持敬的传统的"孔颜乐处",而更着重于理性与感性之间活泼泼的现代紧张关系和永远前行的生命力量。它是通由历史感悟的时间性珍惜,有意识和无意识地对生命地紧紧把握和展开。

晓名 这似乎有点 Nietzsche 的味道,"上帝死了"是 Nietzsche 喊出来的。您不是一向不喜欢他吗?

李泽厚 对,我一向不喜欢。因为他的基本特色是强调毁灭,要人从毁灭中崛起作超人。所以 Nietzsche 右派如 Heidegger、Schimit 走向 Hitler、法西斯主义,Nietzsche 左派 Foucault、Deleuze 便是无政府主义。他们所鼓吹、赞赏的都是由放纵进而否定、破坏和毁灭的收获、"生成"和快乐,是标准的当代反理性主义。人类学历史本体论则一方面重视理性的严重缺失和局限,指出理性只是工具;但另一方面又坚决维护这个作为工具的理性,认为它是人类历史所建造的伟大人性能力和心理成果。即使面对废墟、毁灭、死亡,不能只是快慰、昂扬或激奋,而该有敬畏和感伤。敬畏、感伤曾经在那里生发过的人的生命,那曾经有过的活泼泼地奋斗着的人生。应在否定和毁灭中再次肯定人的历史性存在。我以为可以从这个角度去读中国诗文里的名篇佳作，去深刻领会那时间性的珍惜。

三　感伤中的神意

晓名　时间性的珍惜与"天地境界"何关？

李泽厚　我在《历史本体论》中强调说明过，"我意识我活着"是人"活着"的本义，而"意识"总是一定时（时代）空（社会）、因果中的历史产物，并由知识/权力所操纵，从而追求超越摆脱它们，进入一个超时空、因果、知识、权力的"永恒"、"绝对"、"真实"、"本体"，即完全甩掉人的历史性，便为许多宗教和哲学所追求。但即使通过神秘经验等方式所获得超历史的"瞬刻永恒""与神同在"，毕竟又并不能持久长驻，仍得回到这个"我意识我活着"的世间现实和历史中来。如何办？就中国传统和历史本体论来看，与其寻觅这种绝对的"超越"，便不如深刻认出人生的悲剧性（均见《历史本体论》），从历史的暂时性绽开历史积累而走向开放的未来以安顿此生，不仅在认识上而且在情感上双重肯定人是历史的存在。于是，内在的历史性情感便成了时间性的珍惜。既然"天地境界"不只是超越，而是超越而又走入人间，时间性珍惜的内在历史感情就成为必要的中介。

晓名　"天地境界"一词您取自冯友兰，您和他有何区别？

李泽厚　20 年前我说过，冯的贡献不在《新理学》，而在提出"自然—功利—道德—天地"四境界说的《新原人》。冯晚年也有同样的说法，但由于他的哲学是"接着"程朱讲的 Plato 式的"理世界"体系，他讲的"天地境界"便受此体系基本观点的笼罩制约。尽管他的"天地境界"不是基督教的天启、神恩，而是宋明理学的"孔颜乐处"；尽管他也强调在日常生活中尽伦尽性就可以超越道德，达此境界，但由于缺乏"人活着""情本体""形式感"等现实支撑，一方面，如冯所自承，进入神秘主义，并把这种较持续稳定的生活心境和人生境界与"瞬刻永恒"的感性神秘混为一谈；另一方面，由于没有上述物质性的本体论支撑，便很难使这"境界"具体落实到世间人际。冯不谈宗教，却不能以美育代宗教，不能张扬中国哲学特征的审美主义，特别是未能阐扬它与历史主义交融所形成的人的情感。中国审美主义的感情以深植历史性为"本体"，而非追求绝对的超验。同时，我以为这"四境"应任人选择，不必定出高下，强人所难。我还是"两种道德论"的观点。宗教性道德主要依靠情感教育，所以也才有"以美育代宗教"。

晓名　与理本体（程朱、冯友兰）、心本体（陆、王、牟宗三）不同，您的这个"宇宙—自然物质性协同共在"是否与中国传统的气本体有关？

李泽厚　可以说有承继关系，因为都重视物质性的生命存在。但仍然根本不同。"宇宙—自然物质性协同共在"不是"太虚即气"（张载）之类的宇宙论和理性主义道德论。它着重的只是理性设定所引发的准宗教性的感情—信仰。感情当然也与"气"（物质、物质生命力）有关，但它主要是从人的主观心境、状态方面来讲的人生境界。张载所谓"为天地立心"，这"心"在人类学历史本体论便不是理性道德的心，而且是审美—宗教的心，也就是 Einstein 讲的对宇宙的宗教情怀（cosmic religious feeling）。它不是"自然境界"的物欲主宰，也不是道德境界的理性主宰，而是理欲交融超道德的审美境界。从而它不是理性的宇宙论，而是人间的情本体，即人所塑建的自己的存在。

晓名　您说基督教有神指引的奋斗拯救，中国则是无所凭依的悲怆前行。因此中国的"天地境界"的神明和您这个"情本体"又有多大能量？

李泽厚　我不知道。我只说过更艰难、更悲苦，但也许更快乐。因为这快乐不止是纯精神，而且也包含物质生活。中国传统是"乐感文化"，包含物质和精神两个层面。既然灵魂不能上天，身体不可复活，生命不能不朽，在这区区有限的渺小人生中，到底如何安顿自己？寻找自己？确定自己？这不只是精神层面，也包括物质层面。《论语今读》强调"立命"，讲的也是这两个方面都要由自己去选择和决断。

晓名　但您那个"天何言哉"的"物自体"（"宇宙—自然的物质性协同共在"）能如别的宗教中的神灵、上帝那样指引、启示人们物质层面的现实生活吗？

李泽厚　这涉及超验理想（理念）与经验世界如何联结的问题。其实，如果与许多宗教以精神性的实体（上帝）作为超验存在相比较，人类学历史本体论以"总体的宇宙—自然协同共在"作为超验理想，其与经验世界的联结要顺当得多。前者需要依靠既定的教义语言如《圣经》和追求难得的神秘"启示"来联结。当代虔诚教徒已被封圣的 mother Terrisa，便自承非常苦恼于祈祷无效，听不到上帝的声音，得不到祂的指示。Dostoevsky 更是一直处在怀疑上帝是否存在的折磨之中。而"天何言哉"的宇宙—自然由于与"四时行焉，百物生焉"和"国—亲—师"同属于一个世界，并不异质，便更自然地获得了经验的规范和要求，并随社会时代由历史积累而灵活变迁。这就正是以前我所再三强调的"天道"即"人道"的方面。

晓名　如何说？

李泽厚　对许多宗教来说，仰望上苍，是超脱人世。对中国传统来说，仰望上苍，是缅怀人世。"念天地之悠悠，独怆然而涕下"（陈子昂）的宇宙感怀是与有限时空内的"古人"和"来者"相联结。因而，从"天道"即"人道"说，人既是向死而生，并不断面向死亡前行，与其悲情满怀，执意追逐存在而冲向未来，就不如认识上不断总结过往经验，情感上深切感悟历史人生，从人事沧桑中见天地永恒，在眷恋、感伤中了悟和承担。"怕见春归人易老，岂知花落水仍流"（某咏《红楼梦》诗），"山花落尽山常在，山水长流山自闲"（王安石），"自其变者而观之，则天地曾不能以一瞬，自其不变者而观之，则物与我皆无尽也"（苏东坡）。人都要死，活长活短，相差也就是几十年，而终究都要消失于这不可解的宇宙—自然的"常在""自闲""仍流"之中。如其牵挂、畏惧、思量重重，就不如珍惜和把握这每一天每一刻的此在真意。我以前一再提及"从容就义"高于"慷慨成仁"，就因为后者只是理性命令的伦理激奋，而前者却是了悟人生、参透宇宙、生死无驻于心的审美感情。

晓名　Schopenhaver 讲审美时生命意志（Will to live）的暂时消歇。您把审美感情也摆得这么高?!

李泽厚　这正是从孔老夫子到蔡元培、王国维、鲁迅提倡的"美育代宗教"。当然，从宗教社会学看，实际上替代不了。过去、现在、未来都仍然有许多人信仰各种宗教。但既然总有些人不信，不去跪拜上帝鬼神，在心理需求上，"天地境界"的情感心态也就可以是这种准宗教性的"悦志悦神"。这也就是对天地神明的宗教性的感受和敬畏。审美在这里完全不是感官的快适愉悦。（所以说中国的"美学"不能译成 aesthetics。）在这里，"空而有"的"空"不是"无"，是看空了一切，"万相皆非相"之后的"有"，它并未否定感性。从而"空而有"才能成为超越死亡的"生存"和无所执著中的执著。看似平平淡淡，无适无莫，甚至声色犬马，嬉戏逍遥，并不需要朝朝暮暮跪拜天主，也无需念念不忘耶稣上帝，更不必要一定打出孔子牌号，却可随时挺身而出、坚韧顽强，不顾生死，乐于承担。仍然在特定的"有"中去确认和实现生命的意义和人生的价值，去解决"值得活么"的人生苦恼和"何时忘却营营"与"闲愁最苦"的严重矛盾（参见《历史本体论》）。陶渊明、文天祥都是这样的人物，尽管表现形态不同。所以，"以美育代宗教"在宗教社会学的某种意义上，也可以说是以儒学代宗教。虽然儒学或"以美育代宗教"仍然容许人们去信奉别的宗教，因为它始终没有"上天堂"的永生门票。

晓名 您曾以山水画中的"平远"与"高远""深远"来比拟中国审美与西方宗教，这有点意思。这也就是您说的"以美储善"?

李泽厚 超乎"I will（dought to）"的"I like to"。

晓名 什么？

李泽厚 宋明理学讲"学是学此乐，乐是乐此学"、"工夫即本体"、"盎然生意"和"道在伦常日用之中"，它们不只是道德境界，而是审美的天地境界。这种境界所需要的情感—信仰的支持，不是超越这个世界的上帝，而是诉诸人的内在历史性，即对此世人际的时间性珍惜。它充分表现在传统诗文中，是中国人的栖居的诗意或诗意的栖居。

晓名 但您这个"宇宙—自然物质性的协同共在"也只是逻辑的可能，如你所说，逻辑的可能可以导致先验幻相。

李泽厚 本来就是先验幻相，我说过先验幻相有积极的一面，即鼓舞人去生存。"上帝"作为先验幻相便如此。只是我这个先验幻相比上帝与人世关联得更紧密、更直接，也更丰富。

晓名 您在伦理学中强调儒家传统讲的"爱"是动物血缘情感的提升和理性化，而不是基督教的爱是上帝的理性指令，也与此相关？

李泽厚 这就是我说的"更直接更紧密更丰富"。它恰好展示作为中国传统的"上帝"、"天地"以其物质性与人间血肉更自然地联结在一起。并且还不只是"联结在一起"，而是天地神明就行走在"国、亲、师"之中，它构成了神圣的历史和历史的神圣。"天地"之下是"国"。"国"是什么？乡土。全球化使世界缩小为地球村，从而整个地球成为人们的亲爱的、不可污染损毁的乡土，这本来就是从你所居住、生长、关怀的那片土地、家园和"国家"生发出来的。"亲"是什么？是以血缘亲属为核心的人际关系。如《实用》文所说，"孝"之所以是"天之经，地之义"，就是指它并不只是人间关系，而是具有神圣性。"儿今远归来，无米亲亦喜"，如此朴素亲情，作儿女者读来应可震撼心魄。它又岂只是道德？人际关系也如是。即使隐居的修女，避世的和尚，也仍然生活在人际关系之中，人际关系是无所逃于天地之间的。从而处在这个人际世界中的生的牵挂（烦）死的烦惑（畏），便是人的本真宿命。刻意追求逃脱，使人生变为一张白纸，既不可能，也恰好不符行走中的天地神意。"师"是什么？是人赖以生存的经验、记忆、知识即历史。经验构成历史（暂时性），历史（沉积性）保存经验。历史不仅是有限经验的时空，而且更是积累和沉淀的心理。历史的记忆使我成为我，使人类成为人类。正是历史性的"国、亲、师"，使不可知解的"宇宙—自然物质性协同共在"具有了坚实丰满的承续。这与上帝造人又逐出乐园再寻求拯救相似，却又迥然不同。这便是"巫史传统"的人性感情的历史内在性之所在。人间情爱由之可以上升为信仰。梁山伯祝英台可以变成一对蝴蝶永远遨游的不朽符号。"悲欢岁月，唯有爱是永恒的神话"（流行歌曲）。此爱不一定非"圣爱"不可，凡夫俗子世间人际的爱，也可以因历史和记忆而永恒常在。《历史本体论》说，"你有过（当然有过）突然梦醒时不知你是谁身在何处的感受吗？这正是'我意识我活着'的意识的暂时消失。于是你（我）很快把它找回，以延续'我活着'的'我'，即把我又重新放进某个具体的客观时空条件下面作出认同。"所以说，人是历史的存在，是活在这具体的"时空条件下"以及对它们的意识之中，而这具体的"时空条件下"又是延续以前的产物。没有过去就没有现在，没有历史就没有我（人）。对"在时间中"的时间性珍惜的感情成了认同、抚慰、激励"我意识我活着"即人活着的自我意识的重要动力。朱熹说："只此青山绿水，无非太极流行。"有两首非常著名的、水平、境界也相似的元曲，"孤村落日残霞，轻烟老树寒鸦，一点飞鸿影下，青山绿水，白草红叶黄花。"（白朴）"枯藤老树昏鸦，小桥流水人家，古道西风瘦马，夕阳西下，断肠人在天涯。"（马致远）都极美，但后者流传更广。为什么？更珍惜历史性的此在之人际存在。"古道西风瘦马"早不再，人生漂泊不定却长存。此即在历史情感中唤醒和建立起自己。

晓名　您在《美的历程》和《实用》文中也认为陶潜、杜甫、苏东坡、曹雪芹高于张若虚（《春江花月夜》）、刘希夷（《洛阳儿女行》）。

李泽厚　这即是在"人生无常感空幻感"与"人生现实感承担感"多种复杂的组合配置中后者胜出。如《历程》所说，陶、杜像成年人，由于对世事人情深刻实在的卷入（这是人的现实生存和生活所必然导致），比张、刘如少年时代的人生空幻却并无历史的青春感叹来得更为深沉厚重，所谓"而今识尽愁滋味，却道天凉好个秋"是也。它涵存历史苍凉的"空而有"，更具神圣分量。

晓名　您对陶潜一向评价很高。

李泽厚　我最近读到《顾随诗词讲记》（中国人民大学出版社，2006），颇为惊喜与自己的看法大量相同或相似。顾也极赞陶潜，说应将传统杜甫的"诗圣"头衔移给陶潜，"若在言有尽而意无穷上说，则不如称陶渊明为诗圣"（第85页），再三再四地说陶诗"平凡中有其神秘"（第80页），老杜"是能品而几于神，陶渊明则根本是神品"（第85页），等等。陶诗展示的正是中国"天地境界"的情本体，伟大而平凡，出世又入世。"把小我没入大自然之内"（第 86 页），而并未消失，仍然珍惜于世事人情，"感伤、悲哀、愤慨"（同上）。不止是陶诗，顾对许多诗词的欣赏评论也与我接近，如盛赞曹（操）诗、欧（阳修）词。"对酒当歌，人生几何，譬如朝露，去日苦多"，"人生自是有情痴，此恨不关风与月 …… 直须看尽洛城花，始共春风容易别" ……都是既超脱又入世，一往情深，"空而有"。

晓名　所以中国诗文中大量"空自流""空自在"等的"空"都应作"空而有"解？

李泽厚　它们是面对永恒自然来不断提示人的渺小、死亡、有限和了无意义，此即某种历史性的感伤，亦即时间性的珍惜。"青山依旧在，几度夕阳红。"（《三国演义》）"长空澹澹孤鸟没，万古消沉向此中。看取汉家何事业，五陵无处不秋风。"（杜牧）物是人非，再大的功绩事业也如此。但尽管如此，如前所说，人又还得活下去，还得去"创造历史"。于是，以宇宙感怀与人世沧桑交互浸透的感情来超越历史的暂时和有限，这种"天地境界"就不是冷漠无情、摆脱世界来"与神同一"。而诗意的栖居或栖居的诗意，也并非一事不作，一念不起，一尘不染，那恰恰失去了人生的诗意和境界。所以，"朝与仁义生，夕死复何求"（陶潜），"哀鸣思战斗，迥立向苍苍"（杜甫），"竦听荒鸡偏阒寂，起看星斗正阑干"（鲁迅）。

晓名　您在《实践美学短记》中特别提到鲁迅《野草》中的《过客》。

李泽厚　其实很可以把它与 Heidegger 讲 Van Gohn 农鞋的著名文章做比较，可惜没有人作。

晓名　您来作这对比。

李泽厚　这需要长篇大论，我做不了。

晓名　那就简单说说。

李泽厚　Heidegger 是无神论，但有基督教的心理历史背景。

农鞋走在虽开放却僵硬的石路上，永远单调、孤独、困苦、艰辛。因之，努力排斥非本真的世俗生活，"先行到死亡中去"，以投向那无底深渊的"空"。它引动的是高昂的激情、强大的冲力、苦痛的牺牲和诱人的死亡。只有生命才可以走向死亡，奋勇地走向死亡才是生命的最高决断。鲁迅则仍然是中国"空而有"的传统，尽管同样困苦、艰辛，但所披荆斩棘的是现实世界的具体事物、环境，身旁的是温暖的真挚的挽留、关爱，追求向往的是世事人情的现实花环，展示而珍惜的是由它所开拓出的世上真情。一由孤独、恐惧而追求有魅力的死亡和苦难，一由眷恋、感伤、了悟而承担具体的现实，走向的是多层次的世俗生存和人间情爱。"宛然目睹了死的袭来，但同时也深切感着生的存在。"（《野草·一觉》）"我爱这些流血和隐痛的魂灵，因为他使我觉得是在人间，是在人间活着。"（同上）

　　晓名　您说过"无"是人想出来的，本来只是"有"。"无"产生于对自己肉体消失的自我意识，从而推论和感受世界的"无"，一切的"无"。

　　李泽厚　基督教是上帝创世，无中生有；中国儒学是大易本有，有先于无。人类学历史本体论认为"有"（宇宙—自然协同共在）具有神圣性，因而不是"无"而是"有"—"无"—"空而有"才使心灵丰富人生丰富，才能在根本上构建起人的"诗意栖居"。我以前曾不断引述过好些诗词来表达这一点，强调实现个体潜能、细致人的感情从而享受（感受）你这独一无二的人生，即是生存本义。它不是道德（伦理）和认识（知识）所能替代。它也不同于宗教，只能归属美学。

　　晓名　您讲过艺术的意义和价值就在于此。

　　李泽厚　美学不能归结于研究艺术，但艺术之所以在美学中占有突出地位，却在于此，即在培育、发展人的个体特性（能力和感情）上的极大可能性，而不是伦理教训或理性认识。同一感伤,《历史本体论》曾引白石词、《桃花扇》、渔阳诗说其不同。顾随书也说"冯延巳、大晏、六一,三人作风极相似,而又个性极强,绝不相同……冯之伤感沉着(伤感易轻浮),大晏的伤感是凄绝,如秋天红叶,六一的伤感是热烈(伤感原是凄凉,而欧是热烈)"(第106页)。"极相似"而又绝不相同,这种种丰富细微感情的价值便是建立在肯定而不是否定(贬低、轻视)这个人际世界的基础之上。它能感受却难以明白道出即超越语言的诗情画意,正是可通天地参化育的情本体的生存实在,这是在情感中建立历史,而不同于Heidegger那高超却空洞的时间性和历史性。"树影到依窗,君家灯火光"(《人间词》);"四野无人,一天有月,如此他乡","守到黄昏,上来红灯,又是今宵"(《灵芬馆词话》),或恋情依依、温柔敦厚,或孤寂荒芜、强颜欢笑,开拓出的都是执著于生活历史的一片真情,黛玉情情,宝玉情不情,远胜惜春的六亲不认,也迥然不同于《卡拉玛佐夫兄弟》中的阿廖沙,这才是充满珍惜的人的世界。正是:"太空冥冥不可得而名,吾以名吾亭。"(苏轼:《喜雨亭记》)

晓名　但中国诗文缺少基督教那种圣洁、纯净、惨厉、深邃等感情。

李泽厚　前面讲"畏天道"已说过了,中国文化心理结构可以吸收同化它们来补充和丰富自己,但这将是一个漫长的行程。而首先要了解其同异。基督教讲"信",因"信称义";中国讲"诚","至诚如神"。前者来自《圣经》,后者来自巫史传统。由两者生发出来的情欲关系、情理结构、感情状貌的相同、相似、相通和相异之处颇值仔细分疏。《论语今读·19.1》曾提出,"回顾儒门所宣讲之基本概念或范畴如仁、礼、学、孝、悌、忠、恕、智、德等,以及本章提及的义、敬、哀、命,与基督教的基本概念或范畴如主、爱、信、赎罪、得救、盼望、原罪、全知全能等相比较",特别与感情—信仰以及其间关系、结构相比较,其中便大有文章,可惜迄今也没能做。就中国说,仍以陶渊明为例,从"云无心以出岫,鸟倦飞而知还,景翳翳以将人,抚孤松而盘桓"的"生",到"荒草何茫茫,白杨亦萧萧,严霜九月中,送我出远郊……向来相送人,各自还其家,亲戚或余悲,他人亦已歌"的"死",这里没有生死宣扬,没有轮回业报或末日审判,一切自然而然,眷恋感伤,重生安死,这大概也就是"诚者,天之道也;诚之者,人之道也"吧(《中庸》)。

晓名　如何讲?

李泽厚　"诚"就是真诚、真实。在思想感情和行为中真诚、真实于宇宙—自然及世事人情,不仅对死亡,而且也在日常生活中,不狂妄自大(自圣),不虚假造作(自失),这也就是"无意、无必、无固、无我","为人谋而不忠乎,与朋友交而不信乎,传不习乎"(均《论语》)。对人、对事、对友、对己、对生、对死都坚持真诚、真实。念天地之久长,感一己之渺小,慨人生之无常,知死亡之必有,于是在感受自然和处理人事中去找寻意义,确定自己,珍惜这个情本体的生命实在,好德如色,焉能不诚?

晓名　您曾讲"诚"来自巫的神明,是巫史传统特征之一。

李泽厚　对。"诚"本是巫术礼仪中的接受或出现神明时的神圣感情。巫术礼仪必须与参与者的真实无妄的感情连在一起,后者是这种活动的必要条件。以后被儒家将之不断理性化、道德化、内在化,而成为对人的品格和感情的基本要求,《中庸》讲"不诚无物",后世讲"诚则灵""精诚所至,金石为开",在这里,仍然是"诚"与"神"通。王国维把感伤无已非常真诚的后主词说成"有担负人类罪恶意",亦此义也。

晓名　在您过去的文章中,内在方面是"诚"与"仁"相联结，外在方面是"巫""史"与"礼"相联结，认为这就是中国的神明——"天道"所在。

李泽厚　上面已说，历史分为有限时空经验的暂时性和不断积累、持续的开放性。后者是生存的本根，具有本体的神圣。所以"神明"才成为行走的"天道"，才是开放的，未曾确定、不可名状的。"阴阳不测之谓神"，"其为物不二，故其生物不测"。它是玫瑰花（唐诗：自由、活泼、眷恋），也是松槐树（宋诗：谨严、骨力、了悟），并因之"逝者如斯，而未尝往也"。过去就存活在当下及未来，这就是所谓"过去比未来有更多的未来"，思想史之所以不是博物馆（J. Levenon）、图书馆（B. Schwartz），而是照相册（拙文《中国思想史杂谈》）的缘由，从而对"在时间中"的情感省视成为时间性的珍惜，照相册把被埋藏的历史发掘开拓出来以把握此在，此在因之不再空洞，面向死亡之前行的决断和创造才具体而不抽象或盲目。

晓名　现代生活中"欲"的问题异常突出，触目所见都是性（Sex）的各种变形或不变形的书写。

李泽厚　现代的纵欲、毒品、性放纵，"极度体验"（limit experience），其中包括将精神性注入原始兽性中的"身心陶醉"，与中世纪禁欲一样，并不能解决人生问题。由于放逐了时间性的珍惜，失去过去，现在便成了野兽性的空、无。人类学历史本体论之所以把"情欲论"作为儒家四期的主题，提出"情本体"、理性融化等，正是面对这个问题。也因此强调从科学上去探讨生理欲求与社会理性的各种不同比例、不同结构、不同层次的配置组合和构成。人的两性交合的姿态、方式、技巧比动物便复杂丰实（印度《爱经》、中国房中术等），所得到的生理满足恐怕也大一些，更不用说人类历史使之向感情和精神方面的极大伸展了。吃饭也如此，不只是满足生理性食欲，去除饥饿，它历史性地日益成为"人生一乐"，不但是味觉官能的精细发展，而且更

是精神享受的审美愉悦。"绿蚁新醅酒，红泥小火炉，晚来天欲
雪，能饮一杯无？"（白居易）理欲交融构成了人性感情，使人
是动物却不止于动物。情欲在时间中的暂时性和有限性本是感伤
的缘由和起因，但把它存留在时间性的珍惜中，便成了情本体的
组成部分。

晓名　这似乎是以历史性的"情本体"的不断发展、展开
来窥探宇宙的奥秘，就是您由实用理性和乐感文化生发出来的
"审美形而上学"？

李泽厚　牟宗三讲道德形而上学，认为宇宙秩序即道德秩
序。历史本体论则认为宇宙秩序乃审美秩序，这秩序是感性又神
圣的。"采菊东篱下，悠然见南山。山气日夕佳，飞鸟相与还。
此中有真意，欲辨已忘言。"什么"真意"？即安顿此在意。"佛
是人的潜在情感性的生长完成，这也就是'美育代宗教'之可
能所在，也就是宇宙本身作为物自体的情感、信仰所在。"（《实
用》）

晓名　您的理论是以审美始，以审美终；以"度"的本体
论始，以美育代宗教终。

李泽厚　这也就是在人生和人心中追求合理而不断生存、延
续的宇宙秩序（Cosmic orderr）。它并无一定之规，而是在不确
定中去发明和建造。其关键和根本点便是"度"。所以《历史本
体论》开章明义讲"度"。它以人在一个不确定的宇宙中建立起
秩序为起点，而不依赖于任何外在的绝对精神或上帝鬼神。建立
本身（度）便是"宇宙—自然物质性协同共在"的"神意"所
在。

晓名　为什么要"秩序"和"度"？

李泽厚　人的外在物质肉体生存需要秩序（Order），否则没
法生存，内心世界也如此。Gombrich 写过一本书 *The Sense of Or-
der* 讲述美感的起源。人类学历史本体论曾一再说明，人以生产

实践活动对各种形式（平衡、节奏、韵律等等）的感受、把握和运用（进退、起伏、高下、虚实、呼应……）亦即技艺（art），构成"度的本体性"而获得生存、延续。这种形式感受和运用既是物质—生理的，又是心理—感情的。人由于创造—使用工具的度的技艺，使动物性适应环境的"本能"活动变成了"真正的创造"。这也就是"以美启真"的开始，也就是上面讲的存在论（本体论）的开始。即使今日建筑艺术以一种似乎是破坏传统的均衡、对称等形式秩序开启了后现代，也仍然是以一种新的形式感、秩序感来参与创造人的现代生存和生活。正如我从哲学上以"客观社会性"替代"普遍必然性"（《批判哲学的批判》），以"度"替代"有"（《历史本体论》），以"情本体"替代"理""心""性""气"（《实用理性与乐感文化》），以不确定、开放、多元来替代确定、封闭、一元一样。Heidegger 承认并强调技艺在原初阶段可以得到"技进乎道"的"本生"（Ereignis）快乐。我以为即使在被科技机械统治的今天，科学家们工程师们仍然可以在他（她）们的发现、创造和制作中得到这种快乐。它不只是智慧的愉快，而且是人生的满足，包括其中可以产生渗透宇宙奥秘所引发的神秘或神圣感觉。这正是实用理性与乐感文化交汇之处。总之，最先出现在创造—使用工具的操作实践的"度"中的"以美启真"，建立起"度"的本体性的实在，发展而为"义"、为"善"，为"以美储善"和"以美立命"。

晓名　小到手工技艺，大到治国安邦，之所以都可称"艺术"，也就是其中有"度"的本体性？这就是栖居诗意的"家园感"？

李泽厚　对。在这种形式感中可以安身立命。你没看到好些生活在极度困苦艰辛中的手工艺者，却可以沉醉愉悦在（"乐"在）自己的小小的制作创造之中么？以此作为人生的寄托和安顿。"此心安处是吾乡",这正是某种本源意义的"以美育代宗教"。

晓名　所以,不是语言,而是对"度"的本体性的创作和感受,才是家园,才是心理—情感的最后安顿处。

李泽厚　不是在孤独荒野中呼喊超验的上帝—耶稣,而是就在这无所凭依的物质世界和人际关联的艰难跋涉中去创造形式,寻得家园。如 1994 年《哲学探寻录》所说,"活在对人生对历史对自然宇宙的情感交合、沟通、融合之中……是泯灭了主客体之分的审美本体或天地境界"。

晓名　处理这么大的问题,您这答问太简单草率了。

李泽厚　诚然。既疏漏,又重复。老人爱讲重复话。而且有点乱七八糟,不过这倒后现代。可惜不能用当今时髦词汇如"遮蔽""绽出""颠覆""他者""镜像""共谋""失语""编码""解码""共时性""历时性"等把它组装起来,以显示深沉学理,繁复好看。宗教是几乎涉及每个人的问题,那就回到答问开头,还是把对它的哲学谈论交给日常语言和百姓生活吧。

美国哲学与美学的当代新拓展

——约瑟夫·马戈利斯访谈录

刘悦笛

[美学家简介] 约瑟夫·马戈利斯（Joseph Margolis, 1924—），美国重要的分析美学和哲学家、实用主义哲学家，美国天普大学资深教授，对于分析美学和美国哲学史都深有研究，主要著作有《艺术语言与艺术批评：美学中的分析问题》（*The Language of Art and Art Criticism: Analytic Questions in Aesthetics*, 1965）、《艺术与哲学》（*Art and Philosophy*, 1980）、《文化与文化同一性》（*Culture and Cultural Entities*, 1984）、《关于相对主义的真理》（*The Truth about Relativism*, 1991）、《激进而不守规矩的解释：艺术和历史的新谜》（*Interpretation Radical but Not Unruly: The New Puzzle of the Arts and History*, 1995）、《历史思想，建构世界：新千禧年转折中的哲学入门》（*Historied Thought, Constructed World: A Philosophical Primer for the Turn of the New Millennium*, 1995）、《重造实用主义：20 世纪末的美国哲学》（*Reinventing Pragmatism: American Philosophy at the End of the Twentieth Century*, 2002）、《揭示唯科学主义：20 世纪末的美国哲学》（*The Unraveling of Scientism: American Philosophy at the End of the Twentieth Century*, 2003）和《9/11 之后的道德哲学》（*Moral Philosophy after 9/11*, 2004），最新出版的著作有《艺术与人类定义：走向哲学人类学》（*The Arts and the Definition of the Human:*

Toward a Philosophical Anthropology, 2008)。

刘悦笛　作为当代美国一位重要的哲学家，您的哲学思想似乎是有所变化的，那么，您觉得自己是一位后分析哲学家，新实用主义者还是后分析—实用主义哲学家（post – analytic – pragmatism）呢？

马戈利斯　我一直在做哲学研究，而非哪种哲学。目前所做的工作，主要是关于两个问题的。首先的工作，就是在力图详尽地描述当代欧洲哲学的主要发展所形成的连贯图景（coherent picture），当然，这种历史是隶属于西方哲学史的整体语境的。我特别关注的是当前最美好的哲学前景究竟在哪里？

刘悦笛　您怎么又转向欧洲哲学研究了，您近期的几本著述如《重造实用主义：20 世纪末的美国哲学》（*Reinventing Pragmatism*：*American Philosophy at the End of the Twentieth Century*，2002)，还在关注美国哲学当中的实用主义复兴的总体趋势的问题呀？

马戈利斯　对，但现在已经转向更大的问题。目前所作的另一个工作则是，试图在一种崭新的概念之下，来重新阐释西方主要哲学研究的总体趋向。这个哲学诉求已经贯穿了我的一生，我始终关注都是自然与文化之关系的问题。

刘悦笛　是的，从您早期从事的美学研究当中对于"文化同一性"（cultural identity）的关注开始，您似乎就对于自然与文化之辩尤为关注了，那么，能用简单地话来归纳您由此出发看待哲学史的观点吗？

马戈利斯　概略地说，我的观点是，我们所见的所有的主要哲学思潮都是有缺陷的，真正有前途的视角，就是从这些哲学思潮的碎片当中的最佳贡献里生发出来的，它们已经在整个 20 世纪形成了最重要的影响，直至如今也是如此。

刘悦笛 您所说的最重要的贡献主要是分析哲学吗？

马戈利斯 我相信，实用主义才是沟通我所研究的、迥然有别的哲学主题的最佳津梁。

刘悦笛 您的确是从分析哲学转向了新实用主义了，那么，您又在这些不同哲学传统的沟通之间做出了哪些努力呢？

马戈利斯 在 2003 年，我又在康奈尔大学出版社出版了另一本《揭示唯科学主义：20 世纪末的美国哲学》（*The Unraveling of Scientism：American Philosophy at the End of the Twentieth Century*，2003），与你提到的那本《重造实用主义》是姊妹篇。这些著述都试图跳出英美分析哲学的樊篱，前者对待科学主义进行了深入的反思。

刘悦笛 那么，您究竟如何看待两种冲突呢？一方面是分析传统与实用传统之争，另一方面则是分析传统与大陆传统之争，你似乎要以实用主义为基石来进行调和……

马戈利斯 我目前正在撰写第三卷的草稿，正是关注这一主旨。在西方潮流当中，最具有前景的是，当代实用主义已经同其他传统之间进行了持续不断的交流和对话。我希望我这本书能在短期内出版。我的朋友已经看到了这本书的初稿，他们认为其中的观点是非常具有说服力和原创性的。

刘悦笛 希望能早日拜读。这三本书形成了关于当代美国哲学的整体图景了吗？

马戈利斯 这已经将美国哲学的体系图景呈现了出来。当然，其重点就在于，在各个主要哲学思潮之间，实用主义究竟在其中担当了什么样的角色？另一个重点在于，如何去关注实用主义与作为整体的西方哲学的未来。

刘悦笛 还有，您如何看待历史概念（the concept of history）呢？似乎您的思想与分析哲学的那种"非历史化"取向之间保持了某种距离，是这样吗？

马戈利斯　的确，哲学史与历史概念本身都绝对是我自己作品的核心。举例来说，我使得任何类型的"基础主义"（foundationalism）与"认知特权"（cognitive privilege）都变得无法为自我辩护，这就是因为，我相信，对哲学前途的最好发现是有赖于对于历史的可行性之考虑的。

刘悦笛　您对于历史的相关考虑，是否吸纳了其他思想资源，特别是大陆哲学传统呢？这与您的"文化哲学"之间关联又是怎样的呢？

马戈利斯　我对于"历史"与"历史性"（historicity）的研究，最初就是来自我的文化理论，主要那本充满了雄心壮志的书《历史思想，建构世界：新千禧年转折中的哲学入门》（*Historied Thought，Constructed World：A Philosophical Primer for the Turn of the New Millennium*，1995），是由加利福尼亚大学出版社 1995 年出版的。这基本上与我对于从康德到黑格尔这些德国哲学家思想的阅读是间接相关的。此外，还有从马克思与直到法兰克福批判学派（the Frankfurt Critical school）的其他德国传统哲学家的思想，也有一些影响。

刘悦笛　这次第 17 届国际美学大会上，您作为开幕式上第一个大会发言者，明确提出了反对康德"超验的转向"及其所形成一种"普世性"追求，并认定这种普世性抽掉了历史，从而要最终回到一种"后康德主义"与黑格尔的"历史主义"那里。

马戈利斯　是的。我曾经在某些细节问题上进行研究，例如美学，今年还将有一本要出版，①但是，在这本书当中，我追寻的却是普遍的哲学问题，我选择的主要是欧洲哲学家的形象，特别是康德和黑格尔。

---

　　①　这本书的书名是 *Aesthetics：An Unforgiving Introduction*，访谈已经得到了这本书的电子版与马戈利斯赠送的版权。

刘悦笛 接下来，谈谈您的美学研究，它与您的历史观之间有何关联呢？您如何看待艺术与"文化统一性"之间的关系呢？这也许是您在分析美学上的最重要的贡献之一。

马戈利斯 我前期所写的书，几乎都是诉诸于艺术分析（the analysis of the arts）的理念的，这同时也就是一种科学的分析。

刘悦笛 还有您的"艺术本体论"研究，在 20 世纪后半叶也占据了非常重要的地位。

马戈利斯 但是，我的这些美学著述，如果缺乏对于文化世界的本体论（the ontology of the cultural world）的关注，那是难以用一种和谐的方式进行下去的。这在我的美学和艺术哲学的早期主题那里持续地存在，这构成了我对于美国的美学和哲学在总体上进行激烈批判的基础。

刘悦笛 这便构成了您的分析美学与哲学思想之间的关联了，您从分析美学出发深入到文化理论，进而由此来纵观整个当代美国哲学的发展。

马戈利斯 我近期出版的著述，包括书和文章，致力于所谓的文化的、历史的、语言的形而上学与人类个体理论的探究，力求以最本质的方式去"恢复人文科学"（Recovering the Human Sciences）。

刘悦笛 "恢复人文科学"是非常有趣的观念，请具体解释之。

马戈利斯 我主要的观念，都来源于对于艺术、个体、行动、历史、传统、解释、语言等诸如此类的研究，还包括了更多的主题，这些研究都已经出版了。

刘悦笛 还有哪些主题呢？

马戈利斯 具体包括：关于"流变"（flux）的首要性的研究；物质自然与人类文化之间的区分；文化世界的独特的呈现；

人类自我或个人作为文化世界当中的一个历史化的、混合的人造体,是通过变化的历史而不断地转变的;自然科学与人文科学通过其所依赖的历史和文化的条件得以统一;当然,更多的统一还在于艺术与科学之间。

刘悦笛　您对于道德哲学问题还如此关注,曾出版过 9/11 之后的道德哲学(moral philosophy)的小册子。

马戈利斯　在伦理问题上,我更为关注的是需求、行动、承诺当中"度"的特殊形式,道德哲学自身是有赖于此的。还有,对次佳伦理("second – best"moralities)及其其他规范结构的分析。正如我的那本小册子《9/11 之后的道德哲学》(*Moral Philosophy after* 9/11,2004)所暗示的那样,它简洁表达了一种相对主义的崭新理论。

刘悦笛　回到您的哲学观念,您觉得您受到了哪些哲学家的深刻影响?换句话说,您觉得您的哲学观念的基础是什么?

马戈利斯　我看我自己受到了黑格尔"历史感"之深刻的影响,尽管我并没有直接嫁接黑格尔或者其他任何哲学家的学说。在古典实用主义者那里,我特别欣赏皮尔士(Charles Sanders Peirce),还有诸如马克思、维特根斯坦(Wittgenstein)和卡西尔(Cassirer),但并不是以教条主义的方式接受他们的。

刘悦笛　那么,非西方思想家呢,对您产生了某些影响了吗?

马戈利斯　在亚洲思想家当中,尽管我并不是相关的学者,但是我个人被古印度大乘佛教"中观派"创始人龙树所吸引。我也在积极探索东方与西方心灵的会通,尽我所能去这样做。

刘悦笛　作为 20 世纪后半叶分析美学运动当中最重要的哲学家之一,您认为自己对于分析美学的最重要的贡献在哪里呢?

马戈利斯　也许我对于美学的最独特的贡献,就在于通过上面提到的形成分叉的所有主题,详尽表述了艺术品的形而上学。

按照这种方式，我能够发展出一种关于解释的新概念。

　　刘悦笛　这种解释只是适用于艺术吗？还是适用于整个的文化？

　　马戈利斯　这种揭示适用于整个人类生活的领域，它说明了一种温和的相对主义（moderate relativism）的适用性，这同一致（coherence）和贯通（consistency）的严格概念是相匹配的，甚至与自然科学的理论是相关的。正如我在库恩（Thomas Kuhn）那里所读到的那样。顺便说一句，库恩也是我敬重的哲学家。

　　刘悦笛　最后一个问题，您觉得您的学术与生活之间的关系是怎样的呢？

　　马戈利斯　我意识到，在我的专业与个人生活之间存在一种亲和力。我已确信，根据我的能力，我并未能超出我所能做的，如果没有这些灵感，这些都不能进一步发展出来。

　　（刘悦笛译，本访谈时间：2007 年 7 月 10 日，地点为：土耳其安卡拉的中东技术大学教室）

审美介入与介入美学

——阿诺德·伯林特访谈录之一

刘悦笛

[美学家简介] 阿诺德·伯林特（Arnold Berleant，1932—），美国长岛大学荣誉退休哲学教授。1962 年于纽约州立大学布法罗分校获得哲学博士学位。先后任教于路易斯维尔大学、布法罗大学、圣地亚哥学院和长岛大学。曾经担任国际美学学会主席（1995—1997）、国际应用美学学会顾问委员会主席，还曾任国际美学学会秘书长和美国美学学会秘书。主要论著有：《审美场：审美经验现象学》（*The Aesthetic Field：A Phenomenology of Aesthetic Experience*，1970）、《艺术与介入》（*Art and Engagement*，1991）、《环境美学》（*The Aesthetics of Environment*，1992）、《生活在景观中：走向环境美学》（*Living in the Landscape：Toward an Aesthetics of Environment*，1997）、《重思美学》（*Re - thinking Aesthetics*，2004）、《美学与环境：主题与多重变奏》（*Aesthetics and Environment，Theme and Variations*，2005）以及大量的关于艺术、美学、伦理学和社会哲学的论文，还与他人共同主编了《自然环境美学》（*The Aesthetics of Natural Environments*，2004）、《人类环境美学》（*The Aesthetics of Human Environments*，2007）等论文集。其论著先后被翻译为汉语、希腊语、俄语、芬兰语、波兰语、阿拉伯语和法语等多种语言。

刘悦笛　作为当代国际的知名的美学家，同时也作为一位来自美国的哲学家，您是如何定位自身的思想的呢？由于你思想本身的某种杂糅性，您究竟把自己定位为一位"新实用主义者"、"现象学者"还是"后分析哲学家"（post‑analytic philosopher）？也就是说，您的美学思想的哲学基础到底是什么？因为您的博士论文就是关于现象学的，但从后来的思想取向上来看，你似乎开始对分析美学采取了拒斥的态度而越来越倾向于实用主义的思想，果真是如此吗？

伯林特　首先，我不想被贴上标签或被归纳到某一哲学立场上。这样的做法往往会因简单化而误解某些思想独一无二的特征，或是习惯于去忽略掉这些特征。那么，我将回应你的问题，不是把我的思想分类，而是以它们各自的术语来描述。为了回复你的问题，这里有两个方面：其一，那些影响我思想的；其二，如何描述我目前的观点。有关那些影响，实用主义，特别是从形式上所采取的杜威哲学，我的博士论文是关于杜威的，① 似乎是我的思想基础。它是非独断的、灵活的，而且与人类经验和人们的生活环境息息相关。同时，这也是我所接受的"哲学自然主义"（philosophical naturalism）的一种。另一个强有力的影响来自"现象学"（phenomenology），特别是梅洛—庞蒂（Merleau‑Ponty）所发展的那种存在现象学（existential phenomenology），其对知觉经验的一贯重视这一特点，对美学理论的发展有明显的帮助。

第二个问题要解决的是我的基本立场和目前思考所受的影响。这是比较难以描绘的，尤其在于我不"适合"归属任一学派，而且也不愿解释我的想法与实用美学或分析美学之间的关系。然而，我的观点大多要归因于上述提到的影响，所以我得试

---

① 阿诺德·伯林特 1962 年于纽约州立大学布法罗分校获得哲学博士学位，学位论文为《逻辑与社会学说：杜威对于社会哲学的理解方法》。

着追寻我最重要的想法，不是通过思考与其他哲学潮流间的渊源或相似性的关系，而是简单地看在哪里我顺应了它们的引导。我思想的核心是经验的理解力，这出自于并呼应于杜威的实用主义和现象学。但恐怕更重要的影响是我长期对艺术和与之相关的体验的着迷。也就是这种力量使我反对长期以来的任何二元论，而形成了"审美介入"（aesthetic engagement）这一想法。这些想法一直不断发展着，并促使我走向所谓的"社会美学"（social aesthetics）。

刘悦笛　您最近的著作，像《重思美学》（Re‑thinking Aesthetics，2004），关注了对康德美学原则的批评，特别对"审美无利害"（aesthetic disinterested）进行了深入批判。您认为康德美学是否在今天失去了重要地位？

伯林特　康德在美学方面的影响仍然是巨大的。从其著作中可得到很多视角方面的启发。但是在我看来，它还是建立在一些未经证明的假设上。比如，理论的、经验的知识和审美判断之间的区分，分析的和综合的之间的区别，主体与客体的二分。这些都造成了对"审美经验"、"审美价值"（aesthetic value），特别像是"审美无利害性"的概念而言，其本质和含义在认识层面的错误概念。这种不好的影响不仅在美学领域，也出现在文学和艺术批评等其他领域。

刘悦笛　您认为分析美学的终结不远了么？与 20 世纪 90 年代比，是否失去了基础性的力量呢？

伯林特　我们首先要注意的是，分析美学从来就不是一种普遍性的选择。它在 20 世纪后期成为美、英哲学的主流，随其影响传播到诸如斯堪的纳维亚这些小的地方。我认为，近几十年，分析美学的范围越来越广，也越来越少地关注于逻辑概念问题，而是更多关注具体的艺术和某些哲学问题的个别方面，如情感、认知，或从广义上所讲的心灵的哲学（philosophy of mind）。另一个趋势是，在英美的那些来自欧洲大陆的作家，他们的思考和写作大大不同于分析哲学家们的风格。某一些运动，如后结构主义（post - structuralism）、解构（deconstruction）、后现代主义（post - modernism）和实用主义，已受到很大的关注。随着对杜威研究的再次热潮，一些欧洲的美学家也很有影响力了，比如，海德格尔（Heidegger）、梅洛庞蒂都是如此。总的说来，与过去的整个半个世纪相比，分析美学家们的题材对象变得更为广泛了，而少有那种专门的"曲高和寡"之作。分析美学是不太可能走向"终结"的，但也不会被其他的思想潮流所同化的。同时，分析美学必然会保持其显著的特点。比如，分析美学的认知途径，对逻辑严谨的强调和潜在的设想，都会得到保持。而这些特点也恰恰为大陆哲学思想所共有，诸如对主体性、艺术客体的关注。当然了，随着视域的扩大，可能会更多地坚持原子本体论（atomistic ontology）的观点。

刘悦笛 我把 1970 年您所出版的《审美场：审美经验现象学》（*The Aesthetic Field：A Phenomenology of Aesthetic Experience*，1970）看作您美学思想的开端之作，您如何看待这个开端的？又有哪些想法现在又被您所放弃了呢？我们知道，这本书的副标题与法国著名现象学美学家米盖尔·杜夫海纳（Mikel Duf-relnne）1953 年的法文名著《审美经验现象学》（*La phenomenol-ogie de l'experience esthetique*，1953）几乎是同名的。

伯林特 对我而言，写这本书真是创造性的活动，像一种诗学。在写的过程里，我发现一种能使我对审美经验的感觉系统化的方法，而且美学领域这一观念于我确实是个启示，它与我自己最初的思想观点很密切。而现在回过头看，使我惊奇的是，这本书里的基本视角从那时起就一直坚持地、隐含地存在于我所有的理论思考中。后来发展的一个关键概念——亦即"审美介入"，事实上，在此书里这个概念已预兆性地被说明了。从某种程度上说，自《美学场》之后所有所写的东西，都是沿着得自这本书本身或其所体现的思想脉络而发展着的。

刘悦笛　请说明下您主要致力于研究"环境美学"（Environmental Aesthetics）的原因？在我看来，当代环境美学的出场，在很大程度上，就是为了拒绝占据绝对主流的分析美学传统的，因为典范的分析美学是以艺术为绝对研究中心的，但而今可喜地看到，许多分析美学家们也开始关注环境美学和自然美学问题了。还有就是，您觉得环境美学到底与生态伦理学（eco – ethics）具有哪些深层的内在关联呢？

伯林特　从理论上讲，我对环境美学的兴趣直接来自于上面提到的文本《美学场》，但也受到了个人艺术经验的自然牵引，特别是音乐的。关于环境美学和审美欣赏在艺术中所反映出来的所受到的两者的影响，我等会儿一定会更具体地谈到。但现在我要声明，我并不是为了反对"分析美学"而思考"环境美学"的。我之所以反对的分析美学部分的原因就在于：一方面，某种相同类型的思考模式使我的目光投向了环境美学，另一方面，我也认识到了进入审美欣赏中那些不可减少的复杂性和整体性的因素。由于这两个原因，我才认为分析美学所提供的单一选择是误导性的。

刘悦笛　还是回到作为您思想内核的"审美介入"的观念吧，您能否用最简练的语言告诉我们，究竟什么是"审美介入"？因为在您的环境美学专著与反思美学原论的专著当中，似乎有着对于"审美介入"的不同的表述方式，当然，这些不同的表述都理应是自治的。

伯林特　"审美介入"这一概念确定并明晰了它的特点——在最初它就是我美学思考的核心位置。我早期的经验美学（experiential aesthetics）和随后丰富扩展的艺术经验，尤其是音乐，很长时间让我陷于"审美无利害性"这一不充分的概念当中。审美除了经验之外还会是其他什么呢？同时，我也意识到了在鉴赏经验里的一些基本的看法，像倾向于全神贯注，有强度的关注从而把客体排除在外。另一方面，无利害性也有自身的起源，这种起源是哲学理论的而非审美鉴赏的。在我看来，这似乎是由于来自亚里士多德及柏拉图的传统，也就是把理论知识置于最高层次并将其视作静观的而非技艺性或功能性的。另一非美学的因素在于，无利害性也有二元本体论（dualistic ontology）的支持。所以，正因为在艺术、审美之外有它的起源，我以为，这就是为什么将亲密体验和完全参与错误地归属于强烈而排他的审美欣赏的原因了。

对我来讲，"审美介人"极鲜明地让审美欣赏的特征清晰而正确地描画出来。其中诸多好处之一，在于把艺术和自然之外的审美经验纳入到美学价值的研究范畴里，最近对"环境美学"和"日常生活美学"（the aesthetics of everyday life）的兴趣就是很好的说明——我们需要远离美学传统的视域。"审美介人"提供了理念的方法去拓展美学世界里对审美经验的界定。此外"介人"给一些文化带来了社会—政治方面的额外启示，特别在法国，我认为这是很重要的。无论是对理论美学（theoretical aesthetics），还是环境美学而言，能广泛应用"审美介人"是有意义的。如你所知，它在我的作品中是最主要的主题，以至于再怎么指出其显著特征都不为过，关于此我所写的篇幅不等的书或文章包括：《环境美学》（*The Aesthetics of Environment*，1992），《美学与环境：主题与多重变奏》（*Aesthetics and Environment，Theme and Variations*，2005），《重思美学》，其中论及最广泛的还是《重思美学》。

刘悦笛　您认为和艾伦·卡尔松（Allen A. Carlson）相比，关于"环境美学"方面有哪些观念上的不同？您同意他的"肯定美学"（positive aesthetics）么？在我看来，您和卡尔松可以被视为当代环境美学研究的"双子星座",你们对于环境美学的核心问题——"自然审美"(the appreciation of nature)与"艺术审美"(art appreciation)的划分——却是并不相同的。卡尔松主张艺术审美是趋于"静"的"静观"(contemplation),而自然审美才是"动"的"介入";然而,您从"介入美学"着眼却将自然审美与艺术审美统统纳入到"介入"的模式当中,真的是这样吗?

伯林特 这是很难简洁又充分做出回答的。简单地说,对这一问题所包含的论争已有些时日了,尤其是留意到欣赏自然时"科学"的作用,这目前恐怕无法用言辞来给出公正的解答。

卡尔松证实了这样的观点,人类未加改造的自然具有审美上的善(aesthetically good)。他正是用自然科学来提供适宜的范畴的,所以,当我们用这些类型去欣赏自然时,就拥有审美上的善。这是聪明的方法,也体现了"分析美学"中认知一派的特点。正像卡尔松所言,自然具有审美价值这一看法至少始于18世纪,并且被艺术家和那些认为自然景物以不依赖正确分类的科学知识为根据的人所固信。这似乎说明,对他们而言,自然世界中存在着本有的美(inherent beauty),而这也是19世纪广为传播的观点。但问题在于,在对自然美的欣赏发生时,我们是否需要自然科学知识的支持呢?

美就在自然本身的观念(the idea of nature in itself),这种洞见我认为是很重要的。但是我喜欢那些基于经验而非自然科学知识的19世纪的画家和艺术批评家,总之,我想那才是具有普遍性的。然而,如此这样的观念是无条件的,几乎也是无足轻重的。或者还有另外一种选择,原始自然(virgin nature)总是美的,或者不美,不总是美的。这样就都显得太死板和简单了。其死板处在于,艺术和自然的欣赏都有程度的区分,某些景色总是比其他的更美,或者更崇高,某些就更为普通甚至沉闷。比如,张家界就是那种在任何地方所能发现的最美景色中的一个。明显地，从欣赏中认识到的审美价值，并不是必然地或总能得到肯定的。原因之一就在于，我们对人类改造的自然景观进行评价时，就破坏了它的美。目前，肯定美学只针对自然的景观，也可能会说所有的自然景观都有审美价值，在不同程度上都具有审美价值，但是否定的审美价值仍然真实地存在。自然界中没有什么是不可能的。

这样一来，你可能就会说，我的观点是一种经验美学（experiential aesthetics）而卡尔松的观点是一种认知美学（cognitive aesthetics），我想他也会认同的。可以看看我的文章《人类触知与自然之美》。① 艾米莉·布莱迪（Emily Brady）在其近期的书《自然环境美学》（*Aesthetics of the Natural Environment*，2003）里有相关很多篇文章。我曾经写过一篇关于这个问题的短文，发表在《环境美学》当中。② 所以我就不需再详细地说明了。

刘悦笛 您能对于自己与卡尔松之间的观点进行最明晰的区分吗？

伯林特 简洁地说，欣赏在自然和艺术中同样是基础性的，在每一个特例中又有着明显的具体差异。在自然和艺术中的欣赏都可被形容为"审美介入"，这就是我与卡尔松的区别——他认为艺术里的欣赏和自然中的欣赏是不同的。我们都就此主题在《景观，自然美与艺术》（*Landscape, Natural Beauty and the Arts*，1996）这本文集当中写过文章，③ 而我关于"肯定美学"的文章

---

① Arnold Berleant, "The Human Touch and the Beauty of Nature," in *Living in the Landscape: Toward an Aesthetics of Environment*, Lawrence: University Press of Kansas, 1997.

② Arnold Berleant, *The Aesthetics of Environment*, Philadelphia: Temple University Press, 1992, chaper 11, pp. 160 – 175.

③ Salim Kemal and Ivan Gaskell Landscape eds., *Landscape, Natural Beauty and the Arts*, Cambridge: Cambridge University Press, 1996.

也见于《生活在景观中：走向环境美学》（*Living in the Land-scape*: *Toward an Aesthetics of Environment*, 1997）。①

刘悦笛　人类所身处的环境可以被划分为"自然环境"（the natural environment）、"都市环境"（the urban environment）和"文化环境"（the cultural environment），那么，在自然环境、都市环境和文化环境当中，究竟哪个更重要？"自然环境"是不是更为基础性的？

伯林特　事实上看，这三类无法严格区分。都市环境是现代文化环境里特征化最明显的形式，自然环境是一种关乎理想、神话和想象的建构，甚至我们一系列的文化环境，如城市，更是完全被建构起来的。另外，诸如公园和农业景观（agricultural land-scapes），通常是取材于周围的材料而经人力作用改观成的。问题的关键并不在于这种区分本身，而在于对于周围的环境究竟改变了多少？

刘悦笛　您认为环境美学和日常生活美学间有什么联系？如何评价日常生活审美化（aesthetization of everyday‐life）的这种历史趋势？我个人主张一种"生活美学"（Performing Live Aesthetics or Living Aesthetics），我认为，无论是"环境美学"也好还是"身体美学"也罢，都可以被看作是"生活美学"的有机组成部分。

伯林特　日常生活的环境是对环境本身的评价，所以，"日常生活的审美"就是"日常环境的审美"。也可以说，"日常生活美学"就是环境美学的一种形式或领域。如果我理解不错的话，日常生活审美化是我所说的"否定美学"（negative aesthet-ics）之流行的反映。然而，这并没有使"否定"消失，而恰恰使我们对其更为习惯。

---

① Arnold Berleant, *Living in the Landscape*: *Toward an Aesthetics of Environment*, Lawrence: University Press of Kansas, 1997, chaper 4, pp. 59 – 84.

刘悦笛 看来你的看法与我背道而驰了，我认为"生活美学"包括"环境美学"，"生活美学"延伸到环境则为"环境美学"，毕竟我们都生活在环境当中，您则认为"环境美学"的延伸才是"生活美学"，环境构成了生活的更广阔的背景。

伯林特 的确如此。

刘悦笛 我其实还有许多"大问题"，比如，您怎么看待目前"实用主义美学"和"分析美学"之间的哲学争论？如何评价美国的实用主义对美学的贡献？这种贡献究竟是"美国式"的，还是具有普世性的意义，起码杜威意义上的实用主义的确与中国传统思想是具有"异曲同工"之妙的。

伯林特 正如你所问的某些问题一样，如果想恰当地加以解答，是需要比这里更多的细节来说明的，但核心观点可以清楚地予以回答。

这两种美学在根本上是反对形而上和本体论的学说的。"分析美学"的工作是通过严格限定概念的外延来明晰概念，并在意义上做出极为细致的区别。如果它无法将大问题完全解决，就把问题细化，将大的问题拆分为更小的。而其强调的设想是，通过拆分为独立的部分，复杂的问题可被理解，其中的每个部分可以得到单独解决。同时，"分析美学"也关注艺术客体的审美途径——关于它的特性、属性和独特的特征。鉴赏经验通常容易被看作是主体性的和模糊的，当它被深度审察时，尤可能被归化为一种类型或其他种类的情感。

相反，按照实用主义的理解，经验被置于内在感觉中，并不作为感测的数据而是人类在生活中朝着目标而努力的重要活动。不同于"分析美学"所追求的抽象的真理，实用主义把知识和真理视作部分的和暂时的，可以在实践中加以检验和提炼的。实用主义也是讲究条件和整体的，并非是支离分散的。当实用主义应用在美学方面，较多地关注艺术和自然的复杂鉴赏经验，不将之看作主体性的或脑中的活动，它们就被看作人类有机社会的一部分。

如果你指最近对实用主义的新兴趣是"新实用主义"，并且它在努力揭示美学方面的重要性，那么这对美学的确有重大的意义。实用主义不仅把审美经验看作处于人类生活的情境中，而且因为把人看作社会动物而意识到艺术和自然与审美经验之间有重要的联系。艺术不可被孤立而局限地加以理解，而必须将其视作社会生活的一部分。当然，这就要极大地扩充被考虑的艺术的领域和类型。因此，我们为艺术作出的评定便是，它在社会批评中占有一席之地。目前我正在写一本有关审美和社会价值关系的新书，我相信把握这重联系是极为重要的。

刘悦笛　您怎么评价"环境美学"和美学原理之间的交互作用？就像您反对"审美无利害"，它是否和您环境中的"介入理论"直接相关呢？事实证明，正如我在翻译您所主编的文集《环境与艺术：环境美学的多维视野》（*Environment and the Arts：Perspectives on Environmental Aesthetics*，2002）的中文译本当中所说的，您"对美学的基本理解同对环境美学的深入研究，其实形成了一种互动的关联：环境美学的某种理论被'上升'后用以突破传统美学原论的局限，反过来，美学原论的某些拓展也被'下放'到环境美学当中。"①

伯林特　我不认为环境美学是孤立的而区别于一般的美学。美学是关心这些问题的：鉴赏、意义、审美经验发生的对象和条件及标准的判断以为它们提供种种名称。然而，不同的艺术可能会引发不同的问题，一个美学理论应当是足够丰富的，使之包容

---

①　Arnold Berleant, *Environment and the Arts：Perspectives on Environmental Aesthetics*, London：Ashgate Publishing Company, 2002. 刘悦笛：《环境美学的兴起与大地艺术难题》，见阿诺德·伯林特主编：《环境与艺术：环境美学的多维视野》，刘悦笛等译，重庆出版社 2007 年版。

差异。但问题在于，这些差异是否必要？我的观点是，美学理论的核心关注，即把审美体验视为知觉领域（perceptual field）的情况，并没有因艺术或环境而发生改变。

在审美领域里有四个主要的量：关注的焦点（艺术作品、景观、强烈的经验情境），创造性因素（艺术家、积极的认知者、自然的力量），经验的因素（欣赏者）和施行的（performative）因素（字面上的表演者或认知者为之努力的一种场合——某些东西总会发生）。审美场（aesthetic field）这个概念是概括性的，也是有足够包容性的，不仅可容纳传统艺术，也容纳艺术的种种革新，也包括非专业艺术，而且它是审美环境的经验发生的条件。

刘悦笛　这就谈到了您对于"审美"的独特理解，那么，这似乎走到了 18 世纪于欧洲兴起的以"审美无利害"为内核的所谓"综合美学"（Aesthetic Synthesis）的反面……

伯林特　我对"审美无利害"观点的批判基于这样的事实，它不是从实际的审美经验中产生的，而是，我认为，认识论也就是把理论性的知识作为知识的最高形式，在认识论的历史中通过沉思，把沉思的对象分别提取出来而获得的。这种二元的模式开始于亚里士多德，经过康德再到现在仍在延续。这种无利害的源头不仅与审美经验是疏远的；对经验本身来说也是误导和有害的。"审美无利害性"被轻易地用于艺术和环境经验，而且相当错误地来表现它们。正如你知的，我所发展的一种选择是"审美介入"，对于传递此特征和审美行为的潜在力量而言，这都是个更好的概念，无论他们是否与艺术和自然相关。

刘悦笛　作为 20 世纪后半叶一位重要的美学家，您至今仍活跃在国际美学界的舞台上并颇具领导风范，您认为自己最主要的学术贡献是什么？我个人觉得，您的主要贡献并不局限在艺术领域，而主要是拓展了审美的边界。人们在参与审美的时候，往往并不局限于传统的审美感官，如"欣赏音乐的耳朵"与"观看绘画的眼睛"，还有我们的味觉系统、触觉系统乃至皮下组织的各种感官都参与其中。您的这种审美观，在一定意义上也是很"东方的"。中国古典美学在原始时代所形成的"诗"、"乐"、"舞"的"合乐如一"的观念、佛教所谓的"根"上的耳、鼻、身、心、意和"尘"上的色、声、香、味、触、法的说法，似乎都可以指向一种更为"圆融"的全面审美观。

　　伯林特　我想最主要的贡献，就是坚持审美经验的核心意义——这种经验是非认知的（non‐cognitive）而主要是知觉的，同时，它受到所有社会、文化因素的影响，包括对人类知觉塑形的认知力量的影响。这样来理解经验，不是简单地从心理角度做出的，而是考虑到了整个人类的有机体。这包括丰富多样的感性知觉，不仅含有传统审美意义上的视觉和听觉，还包括活生生的有机体，整个身体都参与到经验之中。因此，既然艺术对象不能脱离其功用的背景而被部分地加以理解，那么美学也不应局限在艺术作品上。

　　刘悦笛　再请说说您对国际美学前景的看法？如何看待美学在"非西方语境"中所起的作用？正如刚才我提到在审美问题上，中国美学可能给"世界美学"（World Aesthetics）所做出的贡献那样。

　　伯林特　我个人的观点是，国际美学的前景可能大有希望，但我怀疑它能否将来完全实现。

　　从积极的一面讲，美学在当代哲学中越来越重要，它的重要性是随着国家、地区、国际间会议的增多得以被认识的。这种发展是可视的，而且，因各种形式的学术交流——如通讯时讯，杂志，电子信息——的增加而更好地为人所理解。这也就会让学术之间有更多的合作。这里我要提一种电子期刊，《当代美学》

（Contemporary Aesthetics），① 那是我七年前创办的，它拥有令人满意地大量发表的学术期刊和国际读者群。同时，美学家们对传统的、技术之外的话题兴趣日渐浓厚。学者们正在撰写关于环境美学、日常生活审美化、大众文化美学，包括娱乐、体育等的文章。我想此举会超出专业圈外而在诸如社会惯例和政府的政策制定方面产生影响。美学家还关注美学的政治关联，其重要成果也正被社会哲学、政治哲学领域所研究。

然而，消极的一面是，不考虑其他因素而对经济和政治兴趣的强大热情，在美学领域也会出现这样的社会结果。这种不幸的情况，不仅仅会随全球化程度的提高而出现在发达国家——制定政策局限在考虑经济目标而忽视所有其他的因素；也真实地发生在发展中国家——对经济繁荣做出比其他方面更非同一般的努力，经常牺牲环境资源和健康，忽略人类的重要利益。当然，这是可以理解的，但希望这些国家可以通过观察西方国家一贯有害的行为而吸取教训以求获益，不再单单考虑经济因素，忘记那些令人不愉快和有害的政策指导原则。

美学在非西方国家，似乎是在渴望国际交流的良好情况下获得更多的重视。非西方学者翻译和阅读历史的、当代的西方文本，这一努力试图用西方术语，如"美学"，对非西方文化的传统思想加以解释。与此同时，西方学者越来越敏感地注意到根植于文化上的观念差异，也开始认识到他们所接受的共同观念并不是普遍地可以接受的。这种彼此相关的兴趣、理解和相互影响，将会扩大西方和非西方学者之间的认识并得以互惠，也能帮助建立一种理智的文化，对更多的社会有积极作用。这些都是充满希望的信号。

刘悦笛 非常有趣的是，在国际美学圈内，大家都公认您是

---

① 这份电子期刊的网址为 http://www.contempaesthetics.org/。

一位美学家，而却不知道您还是一位国际级的钢琴演奏家，经常
在国内外参加钢琴演出。这次在第 17 届国际美学大会上，感谢
您所作的专场演出，演奏会的题目是"音乐与主题"，随着您所
演奏的音乐片断与对于每段音乐主题的讲解，我发现您对于音乐
还有一种"哲学化"的理解。或者说，作为一名音乐家，您对
这次在安卡拉的演出也充满着哲学的思想，那么，音乐对您的美
学有什么影响么？或许这类似音乐对美学家苏珊·朗格（Sus-
anne K. Langer）的影响？

伯林特　我只是最近才注意到这个问题的。我的生活大多沿
着两个平行的方向发展着——音乐和哲学，但两者之间却少有相
互作用。很长一段时间我根本不会写音乐美学的文章。尽管它们
有彼此独立的边界，不过我开始认识到这种深厚的影响，即终身
对音乐的热爱对我的哲学思考的发展起着作用。当然，还是很难
清晰说出那是怎样的影响。

我认为其中之一的影响，就来自音乐曲调的流动和变化。也
就是在任何时候音调都连接着过去和现时的音，同时也蕴涵着产
生接下来的音调的动力。但是我所强调的，这种运动并不意味着
在整个作品中有着不可改变的音调序列或有机统一，它更像一种
指向，知道你从哪里开始，展开发展的某种可能，或许，还可能
朝哪里引向在哪里结束。这是以非常抽象的方式来描述艺术，需
要更多别的细节补充。音乐是一种即时的艺术，但却不是那种自
我限制、自律的片段或部分，也不是特指的、独立的音调或记
号，而是听觉感知的直接在场。

也许我觉得自己的哲学写作，在某种意义上同样是创造性的
活动，从一句话，一个想法，一个视角，到接下去的句子，想
法，视角都可能是连贯一致的。通常，我知道思考展开到了哪
里，尽管有时为了更清楚也需要停下来重新开始或修正，然而，
我不会从经由证明或辩护过的命题开始写作，而是在我的哲学写

作中较多应用音乐的结构而非观念化的行文，虽然我也尽量使得文章能有逻辑顺序。当然，在哲学里的创造性思考，如在音乐领域里一样，并不是必须遵循执行的首要原则或标准，它所取得的有效成果源于自身内在的要求。

把我的任何美学思考与朗格进行比较，就会发现差异多于相似。我与她都有这样的观念，即美学思考不能失去对艺术作品完满性的关注，它必须占据处理此问题的理论的核心位置。这也就是我和她仅有的相似处。而若要解释清楚哪些是我们的差别，则需要另外更深入的讨论，所以我会指出一些关键点以示不同。

刘悦笛　那么，您觉得，自己"经验美学"和朗格的"符号论美学"究竟走向了何种不同的方向呢？

伯林特　首先，朗格认为音乐，像其他类型的艺术一样，是种时间的意象，一种情感符号。对我而言，音乐的确是瞬时的，但不仅仅是瞬时的，它也是空间的。如朗格所发现的"虚幻的力"是其对舞蹈的贡献一样，她在文学和诗歌里则发现了虚幻生活（virtual life）和记忆。我相信，所有这些在此都是在场的，但却不是可以单独体验的或明显地区分开的，而是在审美经验里紧密不分地结合的，就像"独立"感官在实际知觉中的情况。而她对各个艺术内在特征的简洁描述是被组织设计好的，也就是更遵从逻辑地指导而少有对经验的需求。

朗格需要对符号观念的保留，是一种强加于艺术的外部诉求，她在此深深地受惠于卡西尔并努力使自己的解释折中化。她所努力做的是将符号理念应用于艺术——受自律性和瞬时性的制约，而我以为，这使她陷入困惑而不能解脱出来。我相信，不论是瞬时的符号理念，还是再现的符号理念，都是一种矛盾的修饰法。此外，她对情感的评论还会遇到其他问题，当然这是另一个大的话题。但简单地说，美学家们总是倾向把审美经验看作"情感的形式"或"在感情的转喻意义上的使用"，从而误解经验，亦即通常挑取经验中最显著的特征之一并以此描绘经验的全部。

刘悦笛　您怎么理解"身体"对艺术的功用？特别对音乐而言？身体如何成为参与到审美活动当中的重要因素的呢？

伯林特　这是个复杂的问题。我也只能在这里提供简单的回应。在我的《环境美学》（*The Aesthetics of Environment*，1992）一书中，音乐美学的部分，事实上也包括建筑或其他的美学，已将身体置于关键的位置——作为人类知觉经验的起源和核心。当然，提及身体就会使自己纠结于二元论的混乱之中，即身体—心智和身体—灵魂的划分。而且，自从我认识到这种区分完全错误地再现了人类本体论，去谈及身体的功能则变得不太可能，除非谁试图从生物学角度去理解有机的身体，同样地，有机的身体也是文化意识和历史的身体。

那么，审美经验必须作为有意识的身体经验来理解，此经验随艺术、环境和特殊条件下个人特征的变化而变化。因此，在不同艺术类型里的个例研究中如何去发现相似和不同？我们如何身临其境般感受建筑，仿佛穿过它的结构，进入它，在其不同空间中行进穿梭？以中国的庙宇为例，它们那一道接一道的门，似乎特别强调对入口、路径的感受，因在不同空间里变化多端的灯和构形而得以展现出来。

在音乐里也会有部分这类的情况，我以为。不仅因为有明显物理上的呼应——如节奏、强拍和音调与韵味的不断变化。歌德关于建筑的评价是贴切的，他说"建筑是凝固的音乐"，就在于两者都可以利用空间，对运动、外形、质地、尺寸等观念进行把握。当然，这种类比容易造成圆滑的印象，却对我们以此视界来坚持更好地理解建筑和音乐有意义。对你问题更直接地回答是，音乐是完全地有机地参与，通过听众和演奏者，我们不仅仅借助听力而听到音乐，而是我们用耳朵甚至皮肤感受到力量。音乐影响肌肉的紧张和运动，就如心脏的节奏和呼吸这种生命作用的一样。音乐不仅仅是听觉的，就像绘画一样不仅仅是视觉的一样。

刘悦笛　回到咱们的访谈之处，您提到了自己今后要走向一种"社会美学"，这好像最初是德国社会学家格奥尔格·齐美尔（Georg Simmel）最早使用的概念，它具有特定的内涵，那么，最后请您再解释一下，究竟什么是你所谓的"社会美学"呢？它与环境美学究竟是何种关联呢？

伯林特　你所问我的社会美学和齐美尔的关系是个有趣的话题。我很吃惊你在文学领域的广博知识。齐美尔把可社会性定义为一种"关联的游戏形式"（the play – form of association）——"各种和睦、养育、真诚和诱惑"都被包孕在其中。这当然与我的想法完全不同，但却反映了社会学的美学的轮廓。

首先，"社会美学"的观念是来自于对环境美学的兴趣，它所强调的是，要扩展对它的理解和视域。我已认识到对于环境而言是没有"限制"的，因为它不特指自然环境或条件，而是指向经验的，它能拓展到每一个相关语境当中。甚至作为经验的环境，也没有严格的界限。正是这样对环境含义的理解，才使得我日益关注在人类生活关联中的美学成分。它似乎去强调的是包括自然、社会意义上的环境观念是恰当而一贯的，但事实上，我不认为划分出单独的"两个"环境是可行的，当然这是另外的问题。

刘悦笛　非常感谢，希望今后能有更多的交流机会！

（本访谈由中国社会科学院研究生院秦韵佳翻译）

从环境美学到城市美学

——阿诺德·伯林特访谈录之二

程相占①

程相占 伯林特教授,非常感谢您在家接受我的学术访问。您1993年访问山东大学时,我正在攻读博士学位,从未想象到有环境美学这个学科。您当时介绍了美国美学,也做了一个题为《解构迪斯尼世界》的演讲。事隔多年之后我才知道,您的《环境美学》(*The Aesthetics of Environment*, 1992)早在1992年就已经出版。

伯林特 欢迎来访。我想那个演讲实际上就是关于环境美学的,特别是它的批评功能。你是如何发现环境美学并对它产生兴趣的?

程相占 您或许知道,随着全球性的环境危机、生态危机日益加剧,中国学者开始在1994年提出了生态美学。2001年我国在西安召开了全国首届生态美学研讨会,我当时应邀参加了会议。从那时起,生态美学成为我的学术兴趣之一。因为我想了解西方是否有生态美学,就查阅了2001年出版的英文版《劳特利

---

① 程相占,男,山东大学文艺美学研究中心教授,目前主要致力于环境美学研究。

奇美学指南》，① 我惊奇地发现了由加拿大美学家艾伦·卡尔松（Allen Carlson）撰写的"环境美学"条目，而这本书中没有生态美学条目。2006 年 8 月，我作为哈佛燕京学社访问学者应邀到哈佛大学进行学术研究，从牛津大学 1998 年出版的四卷本《美学百科全书》中查阅到了由您执笔的"环境美学"条目。② 这两部工具书使我认识到，环境美学在西方已经被广泛接受并产生了较大影响。

伯林特 你接触环境美学的过程挺有趣。情况的确是这样。

程相占 我想您可以理解，中国学术界对环境美学迄今仍然不够熟悉，能否请您简单地介绍一下环境美学及其与景观美学的区别？

伯林特 好的。环境美学作为一个新兴的美学分支，其范围比艺术的范围要更加难以厘定。对环境美学的理解也存在一些分歧，其不同的意义表明不同的学科兴趣和不同的研究目标。环境心理学家、城市与区域规划师以及行为科学家通常将环境美学与景观的视觉美联系在一起。他们试图通过研究选择偏好和行为，用量化的方式来测量景观的视觉美，希望为设计决策和政府环境政策提供指导。在这里，"审美"通常被视为引起视觉愉悦的东西；哲学家和一些社会科学家则认为这种量化的、经验性的研究偏见应该受到限制，他们甚至认为这种做法在概念方面太天真，在知觉方面是无知的，并且带有很强的假设性。因此，一些学者采取定性的研究方式，认为环境美学所研究的是熟练的观赏者从对象或风景中所领会到的美；采取现象学立场的学者则强调知觉活动，强调感知者在环境审美经验或体验中的积极构建功能，强

---

① Berys Gaut and Dominic McIver Lopes. ed., *The Routledge Companion to Aesthetics*, London：Routledge, 2001.

② Michael Kelly ed., *Encyclopedia of aesthetics*, New York：Oxford University Press, 1998. Vol. 2, pp. 114—120.

调感知者与环境之间的根本互动。

在最宽泛的意义上，环境美学关注的是：人类作为整个环境复合体的一部分，审美地参与到环境中；在环境中，感官的内在体验和直接意义占据主导地位。作为包容性很强的知觉系统，环境经验包括许多因素，诸如空间、质量、体积、时间、运动、色彩、光线、气味、声音、触感、肌肉运动知觉、模式、秩序和意义，等等。这里，环境经验并不仅仅是视觉的，而是包括了所有感官的综合积极参与、共同感知，它们共同处于强烈的意识之中。而且，标准化的维度充满知觉范围，并成为对于某个环境积极或消极价值判断的根据。因此，环境美学研究的基本对象是环境经验或体验，研究环境认知维度中所包含的直接而内在的价值。

景观美学关注更大的区域，就像我们看到的那样，它通常被定义为视觉的。但是也未必如此，因为我们开始理解景观的审美栖息（aesthetic inhabitation）。景观美学一方面可以包括景观设计，从地基栽培、美化到作为知觉整体的园林、公园设计；另外一方面，景观可以延伸到知觉视野的边界，甚至扩展到某个地理区域。由于该地理区域具有相似的地形、植被，或者被人类活动联结在一起，它被渐渐地感知为一个整体。从最通常的意义上，景观美学可以理解为环境美学或自然美学的同义词。

程相占　我明白了。您的环境美学被称为"参与美学"或"介入美学"（aesthetics of engagement）。您认为，人类处在一个持续性的环境中，他是这个环境的积极构建者。人是知觉中心，单个的人是这样，作为社会文化群体的成员也是这样。而人的视野是由其地理和文化因素塑造的。我想请教，您是如何走上环境美学研究之路的？更加重要的是，您的美学思想的关键词是"engagement"，它目前在中国已经有两种翻译方法，分别是"介入"和"参与"，我都不太满意，尝试着把它翻译为"融合"。

能否请您从西方美学的语境中解释一下这个关键词的含义？

伯林特　你的问题促使我反思自己使用 engagement 这个术语的前后过程。我在自己的早期著作中已经使用到它，所能发现的最早例子是发表于 1967 年的一篇论文：《经验与艺术批评》。这篇论文最终成了我 1970 年出版的专著《审美场：审美经验现象学》①的最后一章。这本书的第四、第六两章有许多地方涉及这个术语。另外，在这本书中，我几处讨论到 "appreciative engagement"（欣赏融合或者审美介入）。可以这样说：审美融合或者审美介入这一观念是审美场这个概念背后的推动力量，而《审美场：审美经验现象学》（*The Aesthetic Field*：*A Phenomenology of Aesthetic Experience*, 1970）这本书所探讨的 "审美场" 概念为我后来所有的论著提供了根本理论框架。

我不太确定我在什么时候开始使用 "审美融合" 或 "审美介入"（aesthetic engagement）这个术语。可以确定的是，它频繁地出现在我的《艺术与参与》（1991）一书中。它是这本书的中心主题，我详尽地论述了它与许多不同艺术门类的关系。当时，我用 "融合" 或 "介入"（engagement）来取代另外一个美学理论关键词，"无利害性"（disinterestedness），我不记得是否还有其他学者使用这个术语。从那时开始，"融合" 或 "介入" 出现在各种地方，无论在审美语境中还是在其他地方。我之所以要引进 "审美融合" 或 "审美介入" 这一表达方式，是为了更加清晰地说明我一直努力描述的那种经验，以及出现那种经验的特殊语境。

审美融合在环境情境（environmental situations）中是不可避免的。环境经验或体验是由 "审美融合" 或 "审美介入" 这一术语描述得最佳、最清楚而又最容易理解的经验之一。在各种艺

---

①　Arnold Berleant, *The Aesthetic Field*：*A Phenomenology of Aesthetic Experience*, Springfield, Ill.：C. C. Thomas, 1970.

术门类中，这种经验最典型而又最明显地出现在电影和小说欣赏中，在欣赏舞蹈时也比较明显。但是，在体验环境的时候，审美融合或审美介入普遍发生，并且，它出现于艺术语境之外。而出现于艺术语境之外这一事实必然促使我们将美学理论扩展到艺术领域之外，从而扩展到广泛的环境情境。这就是我从艺术哲学走向环境美学的内在学理根据。因此，engagement 这个术语的理论含义是非常丰富的。

程相占　经过您这些解释，我认识到环境美学作为一个新兴学科，的确有其独特的正当性。它有着独特的概念系统、问题和理论。您将环境与各种艺术置于一个语境中来进行研究，在环境体验或经验的基础上发展出一套理论，并以之为基础来重新反思西方传统审美理论。这里的关键词是"环境体验"，我觉得我们必须更加重视环境体验的动态性质。您知道，对于环境的感知比艺术鉴赏涉及更多的感官。在环境体验中，没有任何一种感官单独出现，而是各种感官共同参与，视觉、触觉、听觉、嗅觉以及味觉等，所有感官共同活动。因此，环境体验是多种感官共同参与的综合体验活动，环境美学是真正意义上的"感性学"，带有为作为"感性学"的"美学"正名的理论意义。

伯林特　是这样的。许多环境体验需要相当多的感官共同积极参与，诸如园林漫步、山野游览、溪流泛舟、乡村驱车等，无不如此。环境似乎具有某种吸引力在召唤游览者，我们可以感受到园林入口或通幽曲径的邀请。即使平静地站立在夕阳下，也会感到被夕阳金晖所拥抱的温暖。这些体验使我们难以再接受美学理论通常所说的"审美静观"。而这一点又促成了其他一些理论探讨，诸如实用主义的美学理论或现象学的美学理论，它们都强调环境体验的积极性或动态性。

我一直试图重铸传统美学，将其理论洞见吸收到更大的范围内，用"融合"或"介入"取代"无利害性"，用"连续性"

（continuity）取代分离，用更加宽广的审美价值取代狭隘的审美价值。我的学术兴趣在于将艺术与审美理论恢复到它们在人类文化史上恰当的位置上，保留对于审美价值的敏锐意识，反思现代美学所论证的所谓的"无利害性"。正是为了回应传统审美理论所不认可的鉴赏体验，我才致力于重新修正传统审美理论。"融合美学"或"介入美学"更加宽容，既包括经典艺术准则，也包括先锋艺术在内。

　　程相占　这么说来，环境美学对于西方审美现代性具有强烈的批判反思意义，值得我深入研讨。按照我的看法，不管我们如何理解环境、给环境下定义，环境基本上是一个与空间（space）和场所（place）相关的概念。因此，我对于中国学者比较陌生的一个术语——"场所之爱"（Topophilia）非常感兴趣。我甚至认为"场所之爱"就是环境美学的理论主题。"场所之爱"一词用于描述对于场所强烈的感受，它由希腊词中表示"场所"的 to-po—或者 top—加上表示"爱"的词尾——philia 合并而成。美籍华人地理学家段义孚（Tuan Yi－fu）于 1968 年成为美国明尼苏达大学教授后，开始集中于系统人文地理学研究。在其 1974 年所出版的名著《场所之爱：环境感知、环境态度与环境价值研究》中，他提出 Topophilia "可以宽泛地定义为物质环境与人类之间的所有情感联结"。[1] 我们可以说，所有的经验或体验都是在特定场所中进行的，都是对于场所的体验。您对此有何评论？

　　伯林特　"Topophilia"是个非常恰当的术语，今天在西方已经被广泛使用。它提醒我们注意场所体验的情感方面。同时，它并没有考虑消极或者说负面的场所体验，比如在工业化世界中的场所体验。你所说的"所有体验都是场所体验"非常有道理。与通常描述的情形相反，体验或经验并非主观的，并非内在的，

① Tuan Yi－fu, *Topophilia: A Study of Environmental Perception, Attitudes, and Values*, Englewood Cliffs, N. J.: Prentice－Hall, 1974.

也并非私人的。它涉及人类对于某些环境的参与。既然如此，我们就可能把所有经验都当作场所体验来思考，尽管"场所"（place）这个术语具有较强的地理内涵，可能由此产生误导。环境体验在我的研究工作中发挥着重要作用，我致力于思考它，阅读它，书写它。环境与体验有着许多关系，值得我们进一步思考。

程相占　多谢解释。从这里开始，我想与您集中探讨一下城市美学问题。我认为城市美学与环境美学具有密切的内在关系。从 20 世纪西方城市美学史来看，我们首先应该注意的是"城市美化运动"（City Beautiful Movement）。众所周知，19 世纪末到 20 世纪初，北美建筑和城市规划领域发生了一场城市美化运动，试图通过美化市容来消除贫困城市环境中的道德衰退。这一运动并没有为了美而追求美，其目的是为了在城市人口中形成道德控制和公民道德。这一运动的倡导者设想，城市美化能够为生活在市区中的贫困人口提供一种和谐的社会秩序，从而提高他们的生活质量。尽管这场运动持续时间不长，它可以视为 20 世纪城市美学的第一个要点。20 世纪城市美学的另外一个关节点是美国城市设计大师凯文·林奇（Kevin Lynch）的杰作《城市意象》（*The Image of The City*, 1960），您在给我的通信中提醒我重视这本书，告诉我这本书能够为城市美学提供许多思想资源。受您的启发，我从去年下半年开始，尝试着从环境美学的角度来研读这本书，试图发掘凯文·林奇城市意象观念的环境美学意义。而这一点可以概括为城市设计与规划的审美维度。

从理论上说，环境可以区分为自然环境与人建环境。城市环境是最重要、最复杂的人建环境，它们就是各种各样的城市和日益蔓延的大都市区域。与此相关，我们通常所说的环境美学就应该包括自然环境美学或自然美学和城市环境美学，简称城市美学。遗憾的是，学术界已经发表了为数不少的关于自然环境的美学论著，而关于城市环境的美学论著不仅非常罕见，而且也远远不够深入、全面。更加重要的是，从跨文化的视野来研究城市美学，基本上还没有进入学者的学术视野。您知道，中国目前正处于飞速的城市化过程中。为了应对这一基本现实，我目前正在从环境美学的角度重新思考城市美学，因此，非常希望聆听您对于城市美学的高见。

伯林特　你所谈论的问题很有趣，也很有道理。城市美学关注一种特殊的景观，也就是人建环境。人建环境几乎完全按照人类的意图塑造而成；然而，我们不必像惯常做的那样，将城市与乡村或者与荒野在审美上对立起来。更恰当地说，城市是一种独特的环境，建造城市的材料来自自然世界；与其他环境一样，城市环境也包含着同样的知觉因素。它只不过是由人类主体设计的、处于人类控制之下的环境而已。而且，尽管城市是特殊的人类环境，它依然是它所属地理区域的不可分割的一部分，它与其所属的区域并没有明确的界限，并与所属区域有着密切关系。

城市美学研究所有环境体验都同样具有的知觉因素，而且，作为卓越的文化环境，城市的社会历史维度与其感性维度密不可分。因此，城市环境的审美价值要远远大于常说的"城市美"：城市的审美价值还包括对于各种意义、各种传统、熟悉性和对比性等知觉体验。更进一步说，城市美学也必须考虑"消极或负面的审美价值"（negative aesthetic values）：城市环境众多的负面现象都会阻碍知觉兴趣，诸如噪音污染、空气污染、刺目的标牌、管道设施、充塞着垃圾的街道，呆滞的、陈腐的而又压抑人的建筑设计以及传统邻里关系的毁灭，等等。事实上，审美批评应该成为评价一个城市特征和成败的关键要素。将审美考虑与城市规划结合起来，也就是反思城市的价值和目标，从而圆满地实现我们所赋予"文明"一词的丰富含义。

程相占　您这里所提到的"消极审美价值"（negative aes-

thetic values)① 概念非常有意义、非常富有洞察力。众所周知，
"审美价值"（aesthetic value）是美学领域的关键词之一，长期
以来，哲学家们在讨论美学和美的本质的时候，经常会激烈地争
论审美价值的本质。但是，遗憾的是，审美价值经常被过分狭窄
地界定为"某种使一个对象成为艺术品的价值"。② 我认为这种
定义不但是误导性的，而且远远不够全面。它反映了环境美学兴
起以前的主导美学观念，这种观念不恰当地将美学等同于"艺
术哲学"。审美的真实情形则是，艺术品之外的任何事物无不潜
在地包含审美价值，比如山脉、河流、城市、园林、花朵、一丛
青草、一缕阳光或月光，等等。而且，传统美学观念一般认为，
审美价值永远都是"积极的"（positive，又译为"正面的"、"肯
定的"），经常与其他一些"正面的"词汇，如"美丽的"、"好
的"甚至"完美的"连在一起。针对这些缺陷，"消极审美价
值"可以启发我们创造一种新的美学观念："否定美学"（nega-
tive aesthetics）。通过它，我们可以更加深入地反思今天的城市
美学。

伯林特　你说得很有道理。其实，在我刚刚完成的一本新著
中，有一章的标题就是"日常生活的否定美学"。在那里，我讨
论了审美价值、"美学与否定性"和其他一些理论问题。请允许
我引用相关内容。该章写道："我们可以讨论否定性的审美价
值，讨论否定美学。因为在许多情况下，审美价值以令人不悦、
痛苦、不正当的或者破坏性的方式呈现。也就是说，在最基本的
感知体验中，这种体验本身是令人讨厌的、使人悲痛的或者有害

---

　　① 访谈者注：negative 的含义是"否定的，消极的，负的"等，其反义词为 pos-
itive，其含义是"肯定的，积极的，正的"等。本访谈根据需要斟酌采用了不同的译
法。

　　② http：//atheism. about. com/library/glossary/aesthetics/bldef _ aestheticvalue.
htm.

的。审美体验并非永远是良性的。一旦我们认识到审美体验中的消极面或负面,我们就能够探索这种经常被忽视的价值。而当这种研究获得其自身的合法存在之后,这种研究就不仅仅是为了补充'肯定美学'。我们完全有可能为'否定美学'划分出的独立范围。"

"否定美学与否定性艺术批评不同。它并不指对于某个艺术品的否定性评估,也不是对于某物,如一种文化实践的否定性审美判断。审美否定性并不直接与艺术对象相连。相对来说,明显的暴力易于被发现;但是,隐蔽的暴力则更加阴险,比如对于人类感性的暴力。这些暴力有些时候难以觉察,但是,其危害既深且久。比如,由于长期营养失调或极端强烈的声音所造成的永久性身体损害,对于感知和健康的影响就是深层而长久的。这里,我们可以罗列出一些同类现象,诸如形式众多的环境污染,包括烟雾污染、噪音污染、水污染和空间污染。值得注意的是,人们一般单纯地从伦理角度来谴责污染,谴责它危害人类健康和福祉;但是,任何形式的污染也包含着对感知的凌辱,也会引起审美伤害(aesthetic damage)。高强度的声音或噪音、有害气体、过度的视觉刺激和过度拥挤,既会造成审美伤害,也会引起身体伤害。"

"因此,显而易见,否定性的、负面的、消极的审美价值超过了艺术领域而成为一种普遍状况,一种确实存在的病态社会状况。这种否定性所设想的形式可能在强度、种类、影响的特征等方面有所差异。因此,我们可以讨论社会物质环境状况。这些状况极其残酷,它们麻木了我们的敏感性,从而造成了审美剥夺(aesthetic deprivation),也就是感觉剥夺的更宽泛的版本。我们被剥夺得如此彻底,以至于我们的审美愉悦能力完全被抑制、完全被镇压,我们的感性体验能力从此完全被压制。这种剥夺的状况无疑是有害的:它使感知满足能力丧失,审美场合减少,从而导致了审美伤害。特别是，当审美伤害以持久且系统的方式发生时，这种伤害的危害性就更大。我们无疑可以区分出其他形式的审美否定性。通过鉴别和探讨它们的发生频率和影响，审美批评能够做出重要的理论贡献。"

简单地概括上述内容可知，否定美学观是评定城市环境体验的有效工具。因为审美价值并不仅仅是积极的、令人振奋的，审美知觉可能是有害的，甚至能够残害人类。不幸的是，城市环境典型地拥有积极审美价值和消极审美价值两种价值。将环境美学运用到各种城市环境，有助于我们鉴定一些感知质量，它们以某种方式侵犯人的感性，贬损人的尊严，甚至压迫人们。同时，城市环境美学在其他方面也是富有价值的，比如，它有助于塑造和重建城市环境，从而更好地满足人类需要，使得城市不仅仅是工业生产和商业利益的场所。

程相占　非常正确。从语言学角度看，"城市"与"文明"两词具有同样的词根。在古代，城市意味着文明。但是，随着全球城市化浪潮日益加剧，在全世界范围内，大城市都几乎成为"社会病"的代名词。城市美学应该关注并批评这种文化现象。由于您的推荐，2007年5月我应邀参加了在巴黎举行的"环境、审美参与和公共空间：景观中的议题"国际研讨会。我所做大会发言的论文题目是《城市意象与城市美学》。在这篇论文中，我以凯文·林奇的城市意象理论为出发点，集中讨论了中国古代城市设计理念所隐含的城市美学。我的基本观点有二：第一，城市意象是城市美学的研究对象。城市意象可以回应环境美学家艾伦·卡尔松在其自然环境美学中所提出的两个基本问题：在自然环境中，"对什么进行审美欣赏"、"如何进行审美欣赏"。我认为在城市环境中，审美对象是城市意象，对城市环境进行审美欣赏的方式就是构建城市意象。第二，着眼于跨文化美学研究，我尝试着将中国古代城市美学原则"象天法地"介绍到西方学术界。通过分析我在中外城市中两次迷失方向的生活体验，我提出没有形而上学洞见就不可能对城市环境进行审美欣赏，富有形而上洞见的城市美学可以视为对于现代城市化危机的哲学反思。我想向您请教，与为数众多的自然环境美学论著相比，为什么城市美学论著不但数量很少，而且很不全面？还有，我知道您已经发表过几篇城市美学的论文，比如《城市生态的审美范式》（1978）、《审美参与及城市环境》（1984）、《培育城市美学》（1986），等等。能否请您概括一下您的城市美学观点？

伯林特　这是个富有挑战性的问题。一般而论，我想表明城市体验是一种独特的人类环境体验。基于这种看法，我们非常有必要去认识城市环境的人化结果。而这一点对于空间的使用、容量的使用、城市体验感性维度的使用等，都具有重大意义。大体而言，城市环境规划设计的标准应该是：城市环境让生活更美好。

正如你上面提到的那些著作所显示的，过去的三十多年里，我一直在思考城市美学问题。我的基本思路是将生态学与我的"融合理论"或"介入理论"（theory of engagement）结合起来。对于许多人来说，城市环境就是人造环境、人类状况的同义词。我从最宽泛的意义上将之理解为由人类主体建造的、规模巨大、范围广阔的人类机构。现在，城市环境已经是世界上大多数人口的生存环境。同时，城市环境作为一个生态系统，也已经演化到一个更加复杂的阶段。与历史上的机械模式城市观念根本不同，生物生态系统模式的城市观念将城市区域视为一个复杂的统一体，它由许多不同但相互关联的部分组成。每个部分具有各自的目的；但是，它们各自又对整体环境有所贡献，又都依赖于包含它们的整体环境。因此，生态系统已经成为研究城市环境的富有想象力的模式。生态系统模式似乎能够为城市化环境中的生活提供一个富有人性的理论景象。

　　一种富有积极审美价值的城市生态系统将认识到，城市中每个邻近区域，诸如商业的、工业的、居住区的、娱乐区的，等等，既具有各个的特征，同时又相互影响。而更加重要的是，它们共同塑造着我们的感知体验。在一个富有人性且功能正常的审美生态系统（aesthetic ecosystem）中，城市景观并非外在环境。它是一个具有包容性的环境：它将其所有居住者结合在一起，而所有居住者都为保证这个生态系统正常发挥功能积极地贡献着各自的力量。在城市规划中认真考虑审美融合或审美介入，将是城市景观人性化的重要步骤。

　　程相占　您这里讨论的城市审美生态学让我非常感兴趣。其实，我在研读您的环境美学与城市美学论著时，早就注意到您的论文《城市生态的审美范式》中的关键词"城市生态"。受生态学、特别是深层生态学思想的影响，中国学者十多年一直致力于生态美学研究。有的中国学者甚至认为，生态美学是中国学者对于世界美学的一项特殊理论贡献。为了扩大我自己的学术视野，2003 年以来，我一直尽力查找西方生态美学的专著，结果只找到一本：《生态美学：环境设计中的艺术——理论与实践》。[①] 该书的发起人赫尔曼·普里加（Herman Prigann）是卓越的德国环境艺术家和生态艺术家，曾经创造了许多大规模的景观重建项目，把受到人类重创的矿区和工业区域转化为艺术公园和公共空间。这本书认为生态美学应该集中探讨的问题是：今日艺术家可以在何种程度上、用什么样的方式来积极参加精神的、社会的和生态环境问题。在大约二十篇文章中，来自德国和世界各地的艺术家、景观设计师、艺术与文化哲学家、自然科学家和政治家，从各自的视野和学科出发讨论了生态美学。总之，这本书显示了表面上互不相干的生态学与美学是如何结合在一起的。那么，既

---

　　①　Heike Strelow ed. , *Ecological Aesthetics*：*Art in Environmental Design*：*Theory and Practice*, Berlin, Boston：Birkhäuser, 2004.

然西方也有生态美学，从中西比较的角度看，您有什么评论和感想？或者更具体一点：环境美学与生态美学有什么区别与联系？

　　伯林特　怎么说呢，中国的生态美学好像尚未介绍到西方，希望你将来有机会来做这个工作；另外，我对于西方的生态美学关注也不多，没有想到要全面清理它。但是，我认为环境一词的意义与生态学有着密切关系，这意味着我们可以讨论环境美学的生态维度。

　　你知道，"环境"尽管歧义较多，但从其语源上看，它传达的意义是"环绕某物的区域"。西方也有人把环境作为"生态学"的同义词来使用，而我们知道，生态学指的是有机体与其生存环境联结在一起的复杂关系系统；西方还有人将环境混同于"生态系统"，而生态系统指有机体及其环境的功能性、互动性关系系统。"生态学"这个术语的语源来自希腊语 oikos，指"家园"。这一点特别提醒我们注意环境的人类维度。

　　我们的环境就是我们的家园，它养育我们，保护我们。它为我们的完满实现提供条件。环境并非外在于我们的，而是与我们血肉相连的。我们大家共存于一个伟大的自然系统之中，一个由所有部分组成的生态系统。在这个休戚与共的生态系统之中，没有任何部分能够幸免于其他事件和变化。

　　程相占　非常感谢您。希望将来有更多的机会向您请教。

　　（由程相占翻译和整理，本次访谈时间：2007 年 7 月 28—30日，地点：美国缅因州卡斯汀伯林特家）

科学认知主义视野下的环境美学

——艾伦·卡尔松访谈录

薛富兴①

[美学家简介] 艾伦·卡尔松（Allen A. Carlson, 1943— ），加拿大阿尔伯塔大学（University of Alberta）哲学系教授，国际环境美学代表人物之一，著有《美学与环境：自然、艺术与建筑欣赏》（*Aesthetics and the Environment*: *The Appreciation of Nature, Art and Architecture*, 2000）、《自然与景观：环境美学导论》（*Nature and Landscape*: *An Introduction to Environmental Aesthetics*, 2009）和《功能之美》（*Functional Beauty*, 2009，与格林·帕森斯合著）。他还与人合作编辑了《环境美学：阐释性论文》（*Environmental Aesthetics*: *Essays in Interpretation*, 1982，与巴利·山德勒合编）、《自然环境美学》（*The Aesthetics of Natural Environments*, 2004，与阿诺德·伯林特合编）、《人类环境美学》（*The Aesthetics of Human Environments*, 2007，与阿诺德·伯林特合编）和《自然、美学与环境主义：从美到责任》（*Nature, Aesthetics, and Environmentalism*: *From Beauty to Duty*, 2008，与西拉·林唐

① 薛富兴，男，南开大学哲学系教授，著有《东方神韵：意境论》（2000）、《画桥流虹——大学美学多媒体教材》（2006）、《分化与突围：中国美学 1949—2000》（2006）和《山水精神：中国美学史文集》（2009），主要从事美学理论、中国美学、环境美学及环境哲学研究。2007—2008 年，在加拿大阿尔伯塔大学跟随卡尔松教授学习环境哲学。

特合编）。作为西方环境美学的开创者和拓展者之一，艾伦·卡尔松在环境美学这一美学新兴分支领域辛勤工作了 30 多年。他是"环境美学"这一学科命名者，他为环境美学这一新兴学科勾勒出大致轮廓（见卡尔松为许多工具书所撰写的关于环境美学的不同词条①），他同时也为环境美学贡献出许多独特和富有启发性的观点。他的许多观点已引起学界同行们的激烈论争。在20 世纪 80—90 年代，他作为"科学认知主义理论"的提倡者而知名，这一理论强调自然审美欣赏中科学知识的重要作用。可是，在新世纪初，他又是人类环境美学，有时亦称为"日常生活美学"的代表人物之一。通过卡尔松，我们可以有效地追踪西方环境美学产生和发展的基本路径。

薛富兴　我记得您关于环境美学的第一篇文章，叫《环境美学与"滑稽"敏感》（*Environmental Aesthetics and "Camp" Sen-*

---

① 卡尔松撰写的"环境美学"词条见于以下文献：Barry Sadler and Allen Carlson, "Environmental Aesthetics in Interdisciplinary Perspective," *Environmental Aesthetics: Essays in Interpretation*, eds. Barry Sadler and Allen. Carlson（Victoria: University of Victoria, 1982）, pp. 1 – 26; Allen Carlson , "Environmental Aesthetics," *A Companion to Aesthetics*, ed. , D. Cooper（Oxford: Basil Blackwell, 1992）, pp. 142 – 144; Arnold Berleant and Allen Carlson, "Introduction on Environmental Aesthetics," *Journal of Aesthetics and Art Criticism*56（1998）: 239 – 241; Allen Carlson, "Landscape: Landscape Assessment," *Encyclopedia of Aesthetics*, ed. , M. Kelly（New York: Oxford University Press, 1998）Vol. 3, pp. 102 – 105; Allen Carlson , "Nature: Contemporary thought," *Encyclopedia of Aesthetics*, ed. , M. Kelly（New York: Oxford University Press, 1998）, Vol. 3, pp. 346 – 349; Allen Carlson, "Environmental Aesthetics," *Routledge Companion to Aesthetics*, eds. , B. Gaut and D. Lopes（London: Routledge, 2001）, pp. 423 – 436; Allen Carlson, "Environmental Aesthetics," *Routledge Encyclopedia of Philosophy Online*, ed. E. Craig（London: Routledge, 2002）: www. rep. routledge. com/views/home/html; Allen Carlson, "Environmental Aesthetics," *Routledge Companion to Aesthetics*, Second Edition, eds. , B. Gaut and D. Lopes（London: Routledge, 2004）, pp. 541 – 555; Allen Carlson, "Environmental Aesthetics," in *Stanford Encyclopaedia of Philosophy*, ed. E. N. Zalta（Stanford: SEP, 2007）< http: //plato. stanford. edu/entries/environmental—aesthetics/ >.

sitivity），它发表于 1974 年在美国明尼阿波利斯（Minneapolis）市召开的美国美学年会。另一篇文章则是 1976 年发表的《环境美学与美育困境》（*Environmental Aesthetics and the Dilemma of Aesthetic Education*）①。我想，这些应当是当代西方美学最早讨论环境美学的文字。请您告诉我，您为何在自己学术生涯的早期就选择了环境美学这个领域？

卡尔松　谢谢你安排这次采访，富兴，这正是一个讨论环境美学的好机会。我不能很准确记得在 20 世纪 70 年代早期，我如何对环境美学起了兴趣，因为在那时，哲学家们很少讨论有关环境方面的话题。你也许知道，环境哲学的第一份重要刊物——《环境伦理学》（*Environmental Ethics*）直到 1979 年才创刊。因此在那时，我似乎觉得哲学家们应当重视环境论题。事实上，如果我没记错的话，我于 1973 年在阿尔伯塔大学哲学系引入的环境美学课程，应当是当时重点大学中有关环境哲学的首类固定课程之一。但是，我于 20 世纪 70 年代早期，在美国密歇根大学完成的博士学位论文则基本上是美学的②。所以，我以为环境论题与美学这两个领域将会不可避免地走到一起。

薛富兴　经过一年时间对您论著的研读，我意识到，您的美学理论在不同时期有所变化。我想对您的美学理论作一个简要描述。外在地看，您的研究领域有这样的转变过程：从自然美学到环境美学，从自然环境美学到人类环境美学。同时，内在地描述，则您的研究方法经过了从"科学认知主义"（Scientific Cognitivism）到"功能主义"（Functionalism，我用它来描述您新世纪以来的美学，希望这一概念可以接受）的转变。这就意味着，

---

① Allen Carlson, "Environmental Aesthetics and the Dilemma of Aesthetic Education," *Journal of Aesthetic Education* 10 (1976): 69—82.

② 卡尔松的博士学位论文是《审美判断中"反应术语"的使用》（*The Use of Reaction Terms in Aesthetic Judgments*），完成于 1971 年。

在早期，您强调科学知识在自然审美欣赏中的重要作用；但最近，您对自然与人类环境中的功能以更多的关注。我对您的美学理论作如此概括是否恰当，此外，您是否可以对你在不同时期美学理论的变化作些说明？

卡尔松 我想，你对我所关注问题变化的描述是很正确的。从开始到 20 世纪 90 年代，我主要致力于自然美学，只有少数论文论及建筑、公园和环境艺术。2000 年后，我在人类影响环境（human - influenced environments）和人类构造环境（human - constructed environments）研究方面做了许多工作。可是，我应当指出，我的第一篇关于农业景观审美欣赏的文章发表于 1985 年①，一年之后，我又发表了关于建筑美学的文章②。还有，我与阿诺德·伯林特（Arnold Berleant）合编的关于自然环境美学的文集《自然环境美学》（*The Aesthetics of Natural Environments*）出版于 2004 年③，与西拉·林唐特（Sheila Lintott）合编的《自然、美学和环境主义：从美到责任》（*Nature, Aesthetics, and Environmentalism: From Beauty to Duty*）发表于 2008 年④。所以，与你上面的描述相比，我在研究方面的变化并没有那样规则，有点难划清楚。此外，我倾向于认为：我的所有这些成果，无论关于自然环境，还是人类环境，总体上属于环境美学范围。同样，如你所指出，当我主要用心于自然环境时，我花了大量时间以发展和维护被称为"科学认知主义"（scientific cognitivism）的理论。

---

① Allen Carlson, "On Appreciating Agricultural Landscapes," *Journal of Aesthetics and Art Criticism* 43 (1985): 301 - 312.

② Allen Carlson, "Reconsidering the Aesthetics of Architecture," *Journal of Aesthetic Education* 20 (1986): 21 - 27.

③ Allen Carlson and Arnold Berleant, ed. *The Aesthetics of Natural Environments*, Peterborough: Broadview, 2004, p. 312.

④ Allen Carlson and Seila Lintott, ed. *Beauty to Duty: From Aesthetics of Nature to Environmentalism*, New York: Columbia University Press, 2008.

这一理论认为：科学知识在恰当的自然审美欣赏中，应当处于核心地位。最近，我则对审美欣赏中关于功能知识的重要性更感兴趣。我之所以拓展出这一兴趣，当然因为如此事实：许多人类环境与工艺对象比之于自然环境与对象，在直觉上其功能性特征更为明显。所以我认为，我最早是在我刚提到的两篇关于农业景观欣赏和建筑美学的文章中关注功能知识在审美欣赏中的作用。在最近我与格林·帕森斯（Glenn Parsons）合著的《功能之美》（*Functional Beauty*）[1] 中，我努力拓展关于功能知识在审美欣赏中作用的观点。在这本书里，我们企图不只在人类环境审美欣赏中强调功能知识的重要性，同时也将这一观点应用到自然环境、自然对象、生物以及艺术作品中。

　　薛富兴　根据您的理解，什么样的环境美学才能是一种"恰当的环境美学"（adequate environmental aesthetics）？

　　卡尔松　这是一个很重要的问题，也很难回答。我曾在自然美学范围内努力回答它，特别是在一篇 2007 年刊于《环境哲学》（*Environmental Philosophy*）名为"恰当自然美学的要求"（The Requirements for an Adequate Aesthetics of Nature）的文章[2]中集中讨论了这一问题。此外，在我最近关于环境美学的简要介绍中——《自然与景观：环境美学导论》（*Nature and Landscape：An Introduction to Environmental Aesthetics*，2009）[3]，我力图对恰当自然美学的要求做出概括，并希望这些要求能同时适应于一种恰当的环境美学。我不敢肯定自己的这种努力到底有多成功。在

---

①　Allen Carlson and Glenn Parsons，*Functional Beauty*，Oxford：Oxford University Press，2008.

②　Allen Carlson，"The Requirements for an Adequate Aesthetics of Nature，" *Environmental Philosophy* 4（2007）：1 - 13.

③　Allen Carlson，*Nature and Landscape：An Introduction to Environmental Aesthetics*，New York：Columbia University Press，2009.

任何场合下，我都坚持五个方面的要求①，其中任何一项我以为对自然和环境美学的恰当性都是必要的，虽然我并不认为这五项作为一个整体对恰当的自然美学和环境美学就是充分的。粗略地说，如果我所说的那五项要求是恰当的，那么，一种自然美学或环境美学当有以下特征：1. 审美欣赏不排除任何东西。2. 它将是包容性的，能够对所有事物审美欣赏在基础特征与结构方面所体现出的相似性做出解释。3. 它将要求对任何事物都能依其本相进行欣赏。4. 它将允许审美欣赏有一个从肤浅到深厚的提升。5. 它将在一定程度上促进审美判断的客观性。

薛富兴　如您所知，在"环境美学"这一术语被广泛使用之前，就有自然美学。即使在环境美学已广为传播的今天。对自然审美欣赏的研究仍很普遍。既然如此，您如何理解自然美学与环境美学的逻辑关系，此二者当很相同，或当有显著区别？我的看法如此：若论二者之同，则我们可认为，自然美学乃传统的环境美学，而环境美学则为当代的自然美学。若论二者之异，则自然美学研究对象自然的审美欣赏，即研究在微观（当然非自然科学意义上之微观）视野下，人们对单个自然对象的感知、体验与理解。在此情形下，美学家主要关注单个自然对象之表相、特性与功能。相反，环境美学则研究整体自然，即是把自然理解为环境。用您的话说，就是"自然是环境的"。在此情形下，美学家宁愿将自然作为有机整体来对待。他们的兴趣集中于不同自然对象间的复杂关系，而不是单个对象的审美特性与价值。但是，我认为，自然美学应当是任何一种环境美学的基础部分，因为它为环

---

① 卡尔松对"五项要求"的表述是："兹夫的任何之物值得欣赏原则"（Ziff's Anything Viewed Doctrine）、"巴德的作为自然限定"（Budd's As Nature Constraint）、"伯林特的统一美学要求"（Berleant's Unified Aesthetics Requirement）、"赫伯恩的严肃的美直觉"（Hepburn's Serious Beauty Intuition）和"汤普森的客观性期望"（Thompson's Objectivity Desideratum）。

境美学提供对于天人关系的基础性的哲学理解。没有好的自然美学，便不可能想象一种好的环境美学，您是否也这样认为？

卡尔松 我想，我总体上同意你上面的说法。我一直认为自然美学乃环境美学之一部分，即使是环境美学出现之前的自然美学。但这也不成问题，一种分支学科可以在其相关学科出现之前就被研究，有时，整个学科会从其分支学科中生发出来，如我所认为的那样，从某种意义上说，环境美学正是这样产生的。我也同意你的想法，使环境美学成为对传统自然美学发展的一种方式，如美学史所示，承认自然是环境的，是一整套重叠的环境。承认这些事实并不排除对单个自然对象审美欣赏的研究，但它确实意味着这一研究并不是自然美学之全部。另外，我也同意这样的说法：一种好的环境美学从完整的意义上说，必须包括自然美学，特别是对人与自然关系的思考。

薛富兴 现在，让我们再讨论一下自然美学。您提出"自然是自然的"（1979）①，即一个自然对象是一个非意图、非人类创造的对象，自然美并不是人类所生产的审美对象或价值。这一事实不只揭示非人类创造条件下美的可能性，也会导致这样的结论——在某种意义上说自然美比人类产品更有欣赏价值。因此，自然欣赏的出现在某种意义上是对人类文化的一种反思：首先，没有人类的参与美也是可能的；除人类之外，自然自身也可以创造出具有审美特性或价值的对象。其次，与之相反，人类的许多产品可以是丑陋的，虽然它们是人类有意识设计的对象。因此，我们可以将自然审美欣赏的发展视为人类对自身文化局限性反思的一种形式。自然是一面神奇的镜子，通过它，人类发现了自然的真实形象，特别是人的无能，甚至还包括他的邪恶与丑陋。这是自然审美欣赏的一种独特文化功能。但是，在艺术中心论美学

---

① Allen Carlson, "Appreciation and the Natural Environment," *Journal of Aesthetics and Art Criticism* 37 (1979): 267 – 276.

中，我们只能发现人类文化的伟大，诸如一位艺术家有意识设计的魔力，以及他或她的神奇技巧。在艺术之镜或文化之镜里，除了人类的自恋或自我中心主义外，我们什么也不能发现。在自然审美欣赏史中，我们发现，对自然美的承认总是伴随着对人类文化的批评。中国的哲学家庄子在赞赏"天地之大美"或"天道"的同时，激烈地批判了"人道"对"天道"的背叛。欧洲 18、19 世纪浪漫主义运动，以及 19 世纪北美的约翰·密尔（John Muir）和亨利·大卫·梭罗（Henry David Thoreau）的意见也大致相同。欧洲的思想家和艺术家们在承认野生自然的积极审美价值的同时，也都激烈地谴责人类开发自然时对自然的干扰。在我看来，某种意义上，自然审美欣赏在欧洲的兴起是批判现代工业化文明的一种产物。因此，我们似乎可以得出两个结论：其一，历史地看，自然美学如浪漫主义运动激发了我们对环境问题的意识，所以，通过自然的完善与工业社会的喧嚣与肮脏之强烈对比，自然美学为环境美学的产生奠基了必要基础。这样，我们便可以将自然美学视为环境美学的序曲。其次，通过自然美与人类任何产品不完善性的强烈对比，自然美学发挥了对人类文化的反思功能。对此您有何评论？

卡尔松 我发现你所言者很有趣，它使我想起了我所喜欢的康德的一个观点，见《判断力批判》第 42 节。其大意如下：自然美对艺术美的优越性，会立即唤起一种兴趣，虽然在形式方面，前者会被后者所超越。自然的这种优越性会带来与所有那些已然培育起道德情感的人们之精致、彻底的精神态度的和谐。一个人如果有足够的趣味，以最大的准确和精致去判断美的艺术品，自然就会用美的事物填补空闲，为增加交际之乐留下空间。而且为了发现他的精神在思想的永远不能完全进展的训练中之快乐，而转向自然界中美的事物。我们将尊重他的这种选择，认为是因为他有一颗美的心灵。对于这样的心灵，没有一位鉴赏家或

艺术爱好者会提出阐释其艺术兴趣的要求。① 你提出自然美学是
环境美学前奏，通过自然美学，我们可以意识到自己所面临的环
境问题。我认为这些观点是正确的。我想，我们可以在你后面的
问题中对此作全面的讨论。

　　薛富兴　在环境美学中提及"肯定美学"是很自然的，因为
它强调整体自然的积极审美价值。有些中国学者将您作为"肯定
美学"的典型代表，因为您曾有一篇很著名的论文努力为肯定美
学提供论证，它就是"自然与肯定美学"（Nature and Positive Aes-
thetics, 1984）②。如您所知，许多西方哲学家并不赞同肯定美学。
所以我想知道：在您看来，肯定美学是否合理，为肯定美学提供
证明是否是一项艰难的工作，是否有更好的方式为它提供论证。
最后，您是否接受将您的美学概括为"肯定美学"？

　　卡尔松　当然，从某种意义上说，肯定美学认为所有自然对
象只有积极，而无消极的审美价值，是反直觉、容易引起争论
的。有些环境哲学家已经从许多不同的角度对它提出批评，但仍
有另一些人接受它。因此，我以为，它的合理性问题尚未解决。
究其部分原因，我以为这是因为肯定美学的准确特性并不很清
楚，肯定美学的有些版本比其他版本更有说服力。我以为，我在
1984 年介绍和努力为之提供论证的那个关于肯定美学的更有说
服力的版本也极难论证。也许你还记得，在那篇文章中，在我提
出自己新的解决方案之前，我批评和否定了为肯定美学进行论证
的三种理论。至于肯定美学是否有其他更好的解决途径？这一点
我不敢肯定，虽然我知道最近有一些哲学家如赫尔米斯·罗尔斯
顿（Holmes Rolston Ⅲ）、斋藤百合子（Yuriko Saito）和格林·

---

　　①　Immanuel Kant, *Critique Of Judgment*, trans. J. H. Bernard, New York: Hafner
Pubishing Co. , 1968, p. 142.

　　②　Allen Carlson, "Nature and Positive Aesthetics," *Environmental Ethics* 6（1984）
5 – 34.

帕森斯（Glenn Parsons）就肯定美学所提出的一些建议很有意思，当然并非所有那些建议都可被准确地称为是对肯定美学的"论证"。最后，我不认为将我的自然美学概括为肯定美学是正确的，因为肯定美学的观点只是我已提出和维护的许多观点之一。我想，把我的自然美学概括为科学认知主义更为正确，如我们以前所讨论的那样。但是，注意到我在1984年的那篇文章中，力图从科学认知主义的角度为肯定美学做出论证，这一点很重要。因此，如果我在那篇文章中所做的论证成功，那么，科学认知主义理念与肯定美学便很有趣地有了相互联系。

　　薛富兴　生态科学和生态哲学为我们提供了理解自然世界的全新视野。因此，它们对环境美学有着本质性的深远影响便不足为怪。事实上，在当代中国盛行的并非"环境美学"，而是"生态美学"。那么，您是否乐于接受"生态美学"这一概念？若您的答案是肯定的，那么，我们当怎样理解"环境美学"和"生态美学"的关系呢？

　　卡尔松　我确实以为"生态美学"这个术语可以接受，但我并不认为它应当具有与"环境美学"这一概念完全相同的意义。如我们所理解，"环境美学"是一个用于描述这整个学科的概念，这一学科是美学的分支学科。一方面，我将"生态美学"理解为环境美学中的一种特殊视野——将生态科学知识作为自然审美欣赏的中心维度。这样，我认为我自己的理论便是生态美学的一种形式。依我之见，赫尔米斯·罗尔斯顿、玛西亚·伊顿（Marcia Eaton）、博尔德·坎里康特（J. Baird Callicott），当然还包括奥尔多·利奥波德（Aldo Leopold）的立场，亦属此列。我以为，坎里康特的文章"大地审美"（The Land Aesthetic）①（在

---

① J. Baird Callicott, "The Land Aesthetic," see, Susan J. ed., Armstrong and Richard G. Botzler, *Environmental Ethics*: *Divergence And Convergence*, New York: Mc Graw Hill, 2004, pp. 135 – 143.

有些文献中亦称为利奥波德的"大地审美"），很好地阐释了利
奥波德版本的生态美学，利奥波德的这一理论也许可被视为对生
态美学立场的最早说明，虽然更早的思想家如约翰·密尔也表达
过相关思想。不宜将"生态美学"与"环境美学"混为一谈的
主要原因是，在环境美学这一学科中，尚存在许多其他观念。依
这些观念，生态科学知识在阐释自然审美欣赏中，很少甚至没起
什么作用。比如，阿诺德·伯林特的杰出理论，或艾米莉·布莱
迪（Emily Brady）的观点，在我看来，生态科学在他们那里就
没有什么作用。马尔科姆·巴德（Malcolm Budd）对环境美学的
有力阐释亦如此。

　　薛富兴　众所周知，关于自然审美欣赏，有两种典型的理
论，一种是您所提倡的"科学认知主义"；另一种即由阿诺德·
伯林特所提倡的"参与美学"。前者强调科学知识在自然审美欣
赏中的作用，后者强调自然环境审美欣赏中的多感官参与特征。
对我来说，对这两种理论作分别考察时，它们都可接受；但是，
当我们力图将它们同时应用于自然审美欣赏时，就会很难。您是
否可以就您的"科学认知主义"理论和阿诺德·伯林特的"参
与美学"之间的关系作进一步的解释？在您看来，这两种理论
是否能同时有效？

　　卡尔松　首先，应当指出，我一直认为：阿诺德·伯林特以
为对自然环境审美欣赏（同时也包括对人类环境和艺术作品的
欣赏）很关键的参与，确实是我们自然审美欣赏中十分重要的
因素。事实上，你可能记得，在我 1979 年发表的关于科学认知
主义的第一篇文章①（虽然当时尚无"科学认知主义"其名）
中，我引录了美国文化地理学家段义孚（Yi-Fu Tuan）对审美
欣赏的描述，并提出，这些文字是对自然审美欣赏核心事实的一

---

　　① Allen Carlson, "Appreciation and the Natural Environment," *Journal of Aesthetics and Art Criticism* 37 (1979): 267 – 276.

种典范叙述。在此，重要的是，段氏的描述提供了欣赏者全面融入所欣赏对象的案例。如段氏所述（如我没记错的话），欣赏者在小溪边干草堆里翻滚："沐浴在生理感官的一种混合中！"但是，如我在那篇文章中所言，虽然这种欣赏是审美欣赏的一个重要维度，但它并不是审美欣赏之关键。当然，这便是我与阿诺德·伯林特的分歧之处。阿诺德主张，参与是审美经验的本质属性，正是这种属性决定了一种经验为审美，而非其他经验。可是，如我在其他地方所论及（我最近发表在《英国美学杂志》上一篇对阿诺德著作的批评性评论），参与对审美经验而言，既非必要也不充分。虽然我对阿诺德的"参与美学"有如上异议。但是，我一直认为，对许多审美经验来说，它是一个重要维度，特别是有关自然环境审美欣赏的经验。那么，科学认知主义与参与美学到底是一种什么样的关系呢？我以为，下面所言当是对这一问题的正确回答。如果我们只接受阿诺德观点中的这一部分，即认为参与对适当的自然审美欣赏是必要的，并与我所坚持的这一事实结合起来：科学知识对这样的经验只是必要而非充分要素。那么，这两种理论就没有必要发生矛盾。我们可以认为：对于完善、恰当的自然审美欣赏而言，参与和科学知识都是必要的。我以为，比如赫尔米斯·罗尔斯顿就持有这样的主张。虽然我不认为参与是必要的，如我刚才所指出的，我确实认为，它是自然审美欣赏中一个非常重要的因素。因此，我的意见变得与参与美学很接近了。可是，即使参与美学与科学认知主义之间没有理论上的冲突，如你问题所示，当一个人全身心地投入到所欣赏的对象，而又想同时关注相关的科学知识时，便存在实践上的困难。我承认这是一个困难，可我也相信：在一种经验中，将情感与知识融为一体的状态，正是审美欣赏之核心。实际上，它正是我们经常在严肃、恰当的艺术审美欣赏中所期望的东西。在恰当的自然审美欣赏中，我们不得不面临的情感与认知的同样融合只

能说明：自然审美经验完全可以与我们在最优秀的艺术审美欣赏
中所得到的同样丰富、同样深厚。

薛富兴 在您所撰写的关于环境美学的词条中，您把环境分
为三类：自然环境（natural environments）、人类影响环境（hu-
man - influenced environments）和人类环境（human environ-
ments）。我以为，对环境美学研究而言，这是一个很有启发性的
理论模型。再者，对上述每一种环境类型的研究，您都提供了很
好的研究范例，比如您有关沼泽的研究（1999）①、关于农业景
观的研究（1985）②、关于环境艺术的研究（1986）③ 以及关于
日常生活建筑的研究（1999）④。所有这些研究都揭示了每一类
环境自身的特征。但是，上述这三种环境之间的内在联系又如何
呢？是否需要确立一些针对环境美学整体的原则？我知道，您曾
呼吁一种能够贯通自然和艺术的"统一的美学"（2007）⑤。那
么，要求一种统一的环境美学是否有意义？如果回答是肯定的，
对于一种能恰当处理不同环境类型的环境美学而言，应当确立什
么样的统一性原则？

卡尔松 这是一个很有趣的问题，但我想多少改变一下它
的焦点，这是因为我不认为对于一种恰当的环境美学来说，需
要一些统一的原则。如我前面所示，我将环境美学视为美学的
分支学科，因此，这一分支集中关注环境及其要素而非艺术

① Allen Carlson, " Admiring Mirelands: The Difficult Beauty of Wetlands," *Suo on kaunis*, ed., L. Heikkila - Palo, Helsinki: Maakenki Oy, 1999, pp. 173 - 181.

② Allen Carlson, "On Appreciating Agricultural Landscapes," *Journal of Aesthetics and Art Criticism* 43 (1985): 301 - 312.

③ Allen Carlson, "Is Environmental Art an Aesthetic Affront to Nature?" *Canadian Journal of Philosophy* 16 (1986): 635 - 650.

④ Allen Carlson, "The Aesthetic Appreciation of Everyday Architecture," *Architecture and Civilization*, ed., M. Mitias, Amsterdam: Editions Rodopi, 1999, pp. 107 - 121.

⑤ Allen Carlson, "The Requirements for an Adequate Aesthetics of Nature," *Environmental Philosophy* 4 (2007): 1 - 13.

品，这些事实已足见其统一。我认为，比如以同样的方式，通过它是化学的一个分支学科，以及它研究有机物而不是非有机物这样的事实，有机化学也获得其统一性。但是，在我看来，存在于环境美学及美学整体内部的立场确实需要统一原则：因此，比如我认为，我们刚讨论过的参与美学和科学认知主义这两种理论，以及这一领域内的其他主张之间需要统一的原则。唯如此，这些理论才能完善地说明分布于任何领域的欣赏都是审美欣赏。所以，比如阿诺德·伯林特主张，他的参与美学能同时说明自然和艺术以及其他材料的审美经验。他已很明确地宣称：我们需要，如我对他的话记忆正确的话，一种对"单一而又全方位拥有的经验"能给予说明的"完善的理论"。我并不像阿诺德那样，认为参与美学符合了这样的条件，但确实同意我们需要这样的条件。实际上，在你的问题所提及的我在2005 年所发表的那篇文章中，我以"伯林特的统一美学要求"的说法提及这一条件，并认为：我们若要想避免诸如美和欣赏这些核心审美概念的模糊与含混，那么统一性的要求就是必需的。在那篇名为《一种恰当自然美学的五项要求》文章①中，它属于我所论证的一种恰当自然美学五项要求中的第二项，我在回答你前面的问题时已论之。但是，这并非是对环境美学的要求，而是对环境美学领域内任何一种理论的要求。所以，现在可以考虑你提出的处理三种不同环境——自然环境、人类影响环境和人类环境的统一方法问题。对于这三种环境类型，我不认为参与美学符合了"伯林特的统一美学要求"，只是因为如我在回答前面的问题中所指出，我不认为参与是审美经验所必需的。这有点儿滑稽，但确实是阿诺德而非我的问题。我需要面对的问题是，科学认知主义是否符合统一美学的要求？

---

① Allen Carlson, "The Requirements for an Adequate Aesthetics of Nature," *Environmental Philosophy* 4 (2007): 1 – 13.

应用于你所提及的三种环境类型，问题就变成：科学认知主义
对于自然环境、人类影响环境和人类环境的审美欣赏有一种统
一的阐释吗？我以为，回答这样的问题很简单。科学认知主义
主张：对于恰当的审美欣赏而言，科学知识是必要的。它还认
为，无论所欣赏者为何物，科学知识都是必要的。所不同的
是，随着所欣赏环境的不同——自然环境、人类影响环境和人
类环境，欣赏者需要不同分支领域的相关知识。对自然环境审
美欣赏而言，自然科学，特别是地质学、生物学和生态学知识
是最基本的；对人类环境审美欣赏而言，社会科学，特别是历
史学、地理学和人类学最为重要；对人类影响环境审美欣赏而
言，所需要的则是上述二者的适当融合，具体取决于是哪一种
人类影响环境。比如，对农业环境的恰当审美欣赏而言，相关
的科学知识就不只是地质学和生物学，也包括历史与地理。只
有根据这些不同科学所提供知识之相关结合，我们才能全面地
欣赏、理解这些环境为何如此模样。但是，不同科学只与相应
的环境欣赏相关这一事实，并不妨碍科学认知主义是对单一经
验提供阐释的完善理论。

　　薛富兴　虽然西方哲学家们称您的理论为"科学认知主
义"，我发现功能这一概念对您来说也很重要。我知道，您在一
篇关于农业景观的审美欣赏的文章（1985）[①] 中第一次使用了功
能这个概念。后来，您根据"功能适应"（functional fit），而不
是根据艺术模式分析建筑（1986、1999）。您把这种新的视野称
为"建筑美学的一种生态学方法"（1986）。[②] 去年，您出版了一

---

　　① 　Allen Carlson, "On Appreciating Agricultural Landscapes," *Journal of Aesthetics and Art Criticism* 43（1985）：301 – 312.

　　② 　Allen Carlson, "Reconsidering the Aesthetics of Architecture," *Journal of Aesthetic Education* 20（1986）：21 – 27; Allen Carlson, "The Aesthetic Appreciation of Everyday Architecture," *Architecture and Civilization*, ed., M. Mitias, Amsterdam：Editions Rodopi, 1999, pp. 107 – 121.

本新著（2008）①，在这本书里，您几乎用"功能之美"的眼光阐释所有对象。在我看来，在您的美学从"科学认知主义"到"功能主义"（Functionalism）的转化中，功能概念至关重要，是否如此？此外，功能的效果是多方面的。对人类环境而言，"功能适应"是指一座特定建筑物的效果，比如它很好地满足了居民的生活需要。换言之，功能概念是指特定对象对于人类的工具价值。但是，对自然环境而言，"功能适应"一般被用于描述不同对象之间的适应，以及特定有机体内部不同因素之间的相互适应。质言之，功能在这里是一种自然对象自身的价值，而不是对人类的利用价值，它涉及自然的内在价值。因此，当我们使用功能概念时，需要将这两种价值区别开来，是吗？

卡尔松　如我在回答前面的问题时所指出，我以为，我最早考虑功能知识在审美欣赏中的作用，是在你所提及的两篇关于农业和建筑的文章。如你所知，在我与帕森斯合著的最近这本名为《功能之美》（*Functional Beauty*，2009）的著作中，我已致力于拓展功能知识在审美欣赏中作用的观念。如我上面所论，在这部著作里，我们力图揭示功能知识不只对人类环境和工艺对象，同时也包括自然环境、对象、生物（creatures）以及艺术作品的审美欣赏的重要作用。可是，我并不认为从科学认知主义到你所称的"功能主义"的转变如你所言那样地激烈。如果我们意识到科学认知主义只是对审美经验的一种认知性阐释视野，它认为科学在提供自然对象的知识中有着尤为核心的作用，那么我们就很容易发现，你所称我的"功能主义"与对审美经验的认知视野紧密相关。只有当它强调事物的功能知识在人们恰当的审美欣赏中尤为重要时，它才是独特的。再者，如果我们接受这样的事实：无论自然科学，还是社会科学，如我在前面的问题中所指

---

①　Allen Carlson and Glenn Parsons，*Functional Beauty*，Oxford：Oxford University Press，2008.

出，是我们获得关于对象功能知识的主要途径，那么，科学认知主义与功能方法的显著区别就会变得更小。在我们的著作《功能之美》中，我认为，我们所处理论题中有意义者之一，便是我们力图揭示，功能知识与对几乎任何对象的恰当审美欣赏之间的相关性，并非我们通常所以为者，唯人类环境和工艺对象才是功能性的。这就与你所提问题的第二部分有关。如你所示，功能概念被应用于自然和人类环境、对象时，会有很大不同，可是，在我们那本书里，通过关注单一的功能概念，我们也部分地强调了这一论题。我们从生物哲学中吸收过来单一的功能概念，亦即选择性效应功能（a selected effects function）。选择性效应功能是指阐释拥有此功能之对象为何能持续存在，无论是作为单个对象，还是更典型地作为一类对象。然后，我们应用这个功能概念于自然和人类环境及其对象，并认为它对所有这些环境和对象而言都是恰当的功能。我们主张，有关这一功能的知识便与对各种环境及其对象的恰当审美欣赏相关。简言之，在《功能之美》中，我们努力发展出一种单一的功能概念，某种程度上，它可以沟通你问题中所提及的科学认知主义和功能主义间的差异。

薛富兴　在您的自然美学早期，您曾提出自然审美的客观性原则。您认为，自然审美欣赏中的审美判断可以与艺术审美欣赏中的审美判断一样，具有客观性（1981）[1]。之后，您提倡一种对象导向的自然审美欣赏（2000）[2]。确实，在科学认知主义看来，主观的自然审美欣赏是不恰当的。我想补充的是，客观性原则对任何一种严肃的自然美学和自然审美欣赏而言，都至为关键。对科学认知主义而言，客观性首先建立在认识论恰当性的标准之上，

---

　　① Allen Carlson, "Nature, Aesthetic Judgment, and Objectivity," *Journal of Aesthetics and Art Criticism* 40 (1981): 15 – 27.

　　② Allen Carlson, *Aesthetics and the Environment: The Appreciation of Nature, Art and Architecture*, London: Routledge, 2000, p. 247, 10 illus.

比如，如果我们未能依照对象实际上所是，或实际上所有的特性去欣赏一个特定自然对象，这便是一种认知意义上的不恰当。但是，在我看来，除了上述认识论意义上的客观性，自然审美欣赏中似乎还应有另一种客观性。比如，当我们在自然审美欣赏中忽略了特定自然对象实际上所拥有的许多审美特性或价值时，除了您已很正确地命名的"审美忽略"（aesthetic omissions）和"审美欺诈"（aesthetic omissions）等认知上的错误，我们还涉及另一种错误，我们也许可称之为"伦理不恰当"（ethical inadequacy），因为上述之每种情形——"审美忽略"和"审美欺诈"，也许我还可以再加上一种——"审美附会"（aesthetic attachment），都牵涉到伦理不恰当。这些错误暗含着对特定自然对象或环境的不尊重。要想为这种忽略或主观性态度做出论证是很困难的，因为不尊重自然就意味着环境伦理学上所讲的伦理不正确。若此不谬，那么，我们是否有必要强调另一种客观性——尊重自然的原则？这便是斋藤百合子所主张的——我们应当"如其本然"（on its own terms）地欣赏自然。这是一种环境价值论意义上的客观性。简言之，在您所建立的"科学认知主义"客观性原则基础上，再拓展出一种环境伦理学的新视野，是否也有价值？

卡尔松　很高兴你提出这个问题，因为这给了我一个简要、清晰地表达我同意你和百合子关于此论题意见的机会。当然，我同意你的意见：能促进审美判断客观性的自然美学在总体上是重要的，这样的客观性要求便是我在题为《一种恰当自然美学的要求》中所提及的第五项要求，我在回答前面的问题时已论及。我也同意你和斋藤百合子（指她在发表于1998年题为《如其本然地欣赏自然的》的文章①）通过强调尊重自然概念强调这种客

①　Yuriko Saito, " Appreciating Nature On Its Own Terms ," see Allen Carlson and Arnold Berleant, ed. *The Aesthetics of Natural Environments*, Broadview Press, 2004, pp. 141 - 155.

观性的伦理基础。在你已提及的我发表于 1981 年的文章中，我已对此问题有一简要讨论，在这篇文章中，我表达了对这一思想的认同，但当时我对这一思想并无细致的讨论。我想，百合子文章是对这一思想最好、有益的阐发。对你所提出的问题，我的唯一保留是，我并没有从不同客观性的角度表述我的理论，我只是从不同的基础——认识论的和伦理的——来奠定自然审美判断的客观性。

薛富兴 我记得您曾有力地说明科学在 17、18 世纪欧洲自然审美欣赏发展中的重要性（1984）①。它确实很有启发性，且对您的科学认知主义提供了强有力的支持。依您那篇文章，自然审美欣赏在西方的发展要求科学，诸如天文学、地质学、物理学和生物学的发展。可是，古代中国自然审美的情形则很不相同。一方面，自然审美在中国出现得很早，我们可以从中国古代经典《诗经》中发现许多自然审美的精彩例证，这部经典中有的诗歌写作于公元前 11 世纪。自然审美在古代中国得到了持久、普遍的延续。另一方面，科学研究在中国古代文化传统中并不是重要的部分，这意味着对中国古代伟大的自然审美传统而言，科学并不是一个重要因素。那么，您是否对科学在自然审美中的功能作进一步的说明，我们应当怎样理解古代中国这种并没有科学支持，但仍然也很发达的自然审美传统？

卡尔松 这个问题非常重要，因为它已直入科学认知主义理论核心地带。它提出这样一个问题：这两种情形如何同时可能？一方面我们承认科学知识对于恰当的自然审美欣赏是必要的；而另一方面，在古代中国，虽然并没有相应的科学研究传统，但仍然有一个伟大的自然审美传统。这是否意味着科学认知主义坚持认为科学知识对于恰当的自然审美是必要的这一看法是不正确

① Allen Carlson, "Nature and Positive Aesthetics," *Environmental Ethics* 6 (1984): 5 – 34.

的？或者，它意味着中国古代的自然审美在某种意义上说是一种不恰当的自然审美，或者甚至并非是一种审美的自然欣赏，或者干脆不属于任何欣赏？所有这些结论似乎都难以令人置信。我以为，要处理这一论题就需意识到：科学认知主义首先是一种认知主义，而后才是一种科学的认知主义。这意味着，关于自然界对象特征和性能的知识，对于恰当的自然审美欣赏来说是必要的，这是科学认知主义的基本观念，然后才论及，这种知识来自于西方的科学。西方的科学在人类历史上不同的时间和地点表现出许多相似性。这些相似性为恰当的自然审美欣赏提供自然知识方面的足够支撑。对古代中国的情形我并不了解，可我感到很好奇的是：是否在古代中国，并没有足够精细的方式，使当时的人们能够获得关于自然界特征、性能等方面的知识——这种知识深刻、丰富到一定程度，方足以支撑对自然的恰当审美欣赏。我质疑这样一种主张：认为有或曾经有一种文化，它有适当的自然审美欣赏，但并没有任何获得关于自然特征、性能方面有意义知识的方式。在此情形下我认为，我将主张此种文化中人民的欣赏既不恰当，或者，这种欣赏很可能也并非是审美的。这两种看法可能是我们所能得出的可信结论，因为我们都知道：有这样的个体，他们或有不恰当的自然审美欣赏，或者他们的欣赏根本上就不属于审美欣赏。如果是这样的群体，当然也就会有这样的整体文化！我在 1984 年所发表的那篇文章，有一个独特之处，就是你所提及的西方自然审美欣赏发展与西方科学发展之间的关系。我认为，这一关系，在本质上正确地揭示了在西方，科学所提供的知识如何成为对恰当自然审美欣赏来说是极为重要的东西。而且由于西方的科学世界观现在已成为一种全球性的世界观，可能并不只是认知主义，而是科学认知主义现在便提供了对恰当自然审美欣赏的正确描述！

薛富兴　我认为，科学认知主义在中国将发挥独特的学术作用。在古代中国，自然审美欣赏传统产生和发展于这样一个文化传统之内：自然哲学和山水艺术有重要的作用。因此，大部分中国人是在艺术表现和哲学智慧两个层面理解自然的功能。可是，很少有人意识到这种自然审美欣赏存在恰当性方面的问题。许多人学会如何用各种自然对象、现象表达我们自己的感情，但我们很少承认科学知识在自然审美欣赏中的意义，因为科学在我们的文化中并没有得到很好的发展。正是由于有了科学认知主义，我们开始意识到科学知识在自然审美欣赏中的积极价值，也开始反思我们自身的古代自然审美欣赏传统。这个传统曾受到山水艺术的强大影响，人们习惯于用自然事物表达人类的情感。我相信，在这方面，我们正有许多有趣、也是有意义的工作要做。对此，您有何评论？

卡尔松　你所说的很有趣。在西方，当然也有许多与你所描述的在中国发生者相类似的现象。比如，如你所知，在西方从17 世纪始，景观画的伟大传统得到发展，并凝结为景观欣赏的画意方法（picturesque approach）。我以为，不夸张地说，从那以后，与科学相比，画意景观的欣赏传统在铸造西方公众的自然审美欣赏趣味、方法方面，发挥了更大的作用。所以，在比较和对比景观艺术在中西方自然审美欣赏发展中所起的关键作用方面，确实有大量有趣亦有益的工作可做。当然，我以为，只由或主要由艺术传统，如画意景观画所铸造的自然审美欣赏尚存在许多问题。首先，画意观念指导下的自然审美欣赏，比如，并不能典型地形成我们前面所讨论的生态审美。换言之，在景观艺术重大影响下的审美欣赏并不能典型地带来审美和生态价值的相互协调。所以需要我们考察的另一个有趣话题将是，已然影响了中国自然欣赏的中国山水艺术，是否比西方画意观念影响下的审美欣赏有更大的潜能支撑一种生态审美？我提出和论证科学认知主义的理由之一，是我主张这一理论具有成为一种生态审美的潜力。

幸运的是，中国学者们将在这种理论中发现同样的价值。可是，注意到这一点很重要：科学认知主义并不需要从自然审美中排斥利用各种自然对象、现象表达人类自身情感的行为，如你所提及的成为中国自然审美欣赏的特征。比如，让我们提及西方哲学家如诺埃尔·卡罗尔（Noël Carroll），他主张一种自然审美欣赏中的情感反应视野，他自称之为感兴模式（Arousal Model）。而且他认为，他的主张与科学认知主义完全可以兼容。在某种意义上，我也同意他的这种看法。但我以为，若再加上所欣赏自然对象特征、属性方面的科学知识，可以为情感反应增加另一个维度，它将使自然审美欣赏更深刻、更恰当，最后，也更有价值。这正是我希望中国研究科学认知主义理论的学者们能够得出的结论。

薛富兴　您把知识分为两层：常识与科学知识。显然，大部分人根据常识欣赏自然。但是，这种欣赏是肤浅的和不严肃的，这便是我们强调科学知识在自然审美欣赏中意义的原因。一方面毕竟，我们生活在一个科学的时代，因此，我们很难想象一种与科学知识全然无关的自然审美欣赏，或者一种基于与今日之科学所言完全相反的自然审美欣赏。另一方面，当代科学在各个方面已取得很大的进步，为我们提供了许多关于自然的真知识，因此，我们应当努力在科学知识的帮助下丰富和深化我们的审美经验。通过这一方式，我们可以将当代自然审美经验与古代自然审美经验区别来开。这也许可以成为科学知识对于当代自然审美欣赏的一项独特功能，可以这样认为吗？

卡尔松　我完全同意。

薛富兴　我想对科学认知主义提出两个质疑。第一个也许可称为"逻辑困惑"。我们认为，自然审美欣赏和科学研究属于两个不同领域，前者是一种感性活动，后者是一种抽象的观念活动。许多优秀的哲学家，如康德、黑格尔和克罗齐都强调审美活动和科学的基础性区别，并将它们视为人类精神活动的两种极端。因此我想知道：当科学认知主义如此强调自然审美欣赏中科学知识的作用时，是否会引起审美与科学这两种活动之混淆？第二项质疑可称为"事实困惑"。毕竟，只有极少数人具有足够丰富的科学知识，变成一个科学家并非易事。这意味着，绝大部分人不得不根据常识欣赏自然，即使我们不得不承认这种欣赏很可能是肤浅的或不恰当的。那么，下面的结论是否可以接受？这一结论是：由于绝大部分人没有足够的科学知识，因此，绝大部分人的自然审美欣赏是不正确的，至少是肤浅的。

卡尔松 这里有许多很好的话题，我可以通过重申我在许多不同地方曾多次表述过的我的观点，来讨论它们。这就是我有时称之为与艺术类推的观点。它与我们在前面讨论过的统一美学的要求相关。根据统一美学的要求，美学理论和审美实践同样地贯穿于审美欣赏的所有可能对象。这里则涉及自然审美欣赏和艺术审美欣赏的相关性。根据统一美学要求，我们在自然审美欣赏中不应当发现困惑。现在，我们可以将这一点应用于你所说的两个困惑。首先来看你所说的逻辑困惑。我以为，为了恰当地欣赏艺术，我们需要具备有关艺术史方面的知识，但正如你所说，自然审美欣赏和科学属于两个不同的领域，前者属于感性活动，后者是一种抽象的观念活动。我们也可以说，艺术审美欣赏和历史（一种社会科学）属于两个不同的范畴。前者属于感性活动，而后者是一种观念活动。如果在艺术审美欣赏中不存在困惑，为什么在自然审美欣赏中就存在困惑呢？再看"实践困惑"。你说只有少数人具有足够的科学知识，这意味着大部分人只能根据常识欣赏自然，并且承认这样的欣赏很可能是肤浅的或不恰当的。因此，你得出了这样的结论：绝大部分的自然审美欣赏是不正确的，或至少是肤浅的。不幸

的是，你在这里说的有许多确实是事实。但我们同样可以用它
来描述艺术审美欣赏：只有少数人具有足够的艺术史方面的知
识，这意味着大部分人只能根据常识来欣赏艺术，并不得不承
认这样的欣赏很可能是肤浅的，或不恰当的。因此，我们面对
的结论是：绝大部分的艺术审美欣赏是不正确的，或至少是肤
浅的。我想再次提问：如果对于艺术审美欣赏没有困惑，为什
么它对于自然审美欣赏就是一个困惑呢？对于第二个困惑，我
另外想说的是，对于恰当的自然审美欣赏来说，有多少科学
知识才算"足够"，这里并不明确，正像对于恰当的艺术审
美欣赏而言，有多少艺术史方面的知识才算是"足够"也并
不明确一样。显然，对这样的问题并无清楚、黑白分明的答
案。首先，通过获得更多的相关知识，在自然和艺术欣赏中，
每个人都可以得到更好的审美感受，知识的多少在这里都是
一个程度问题。其次，许多情形要依据所欣赏的特定对象而
定。因为对于恰当的审美欣赏而言，有些艺术品要比其他艺
术品更容易欣赏一些。这就提出一个问题：是否存在这样的
艺术品、自然对象或自然环境，当我们对它们进行恰当的审
美欣赏时，我们不需要任何相关的知识？对此我表示怀疑，
但谁能断然肯定？

薛富兴　为了建立科学认知主义，您对自然审美欣赏中的
形式主义发起了一系列的进攻（1977、1979、2004）[1]。您提
出这样的观点确实是可以接受的：如果只从形式美角度欣赏自
然，那么，我们的自然审美欣赏只能是肤浅的。因此，为了避

① Allen Carlson, "On the Possibility of Quantifying Scenic Beauty," *Landscape Planning* 4 (1977): 131–172; Allen Carlson, "Formal Qualities and the Natural Environment," *Journal of Aesthetic Education* 13 (1979): 107–114; Glenn Parsons and Allen Carlson, "New Formalism and the Aesthetic Appreciation of Nature," *Journal of Aesthetics and Art Criticism* 62 (2004): 363–376.

免这种肤浅的自然审美欣赏，丰富和深化我们的自然审美经验，科学知识就显得尤为重要。但是，我的问题是：在丰富和深化我们的自然审美经验时，我们是否只有求助于科学知识这一条路可走？在自然审美欣赏中，哲学智慧应当具有什么样的功能？在中国，庄子的自然哲学对古代自然审美欣赏的深化有巨大影响。如您所知，罗纳德·赫伯恩（Ronald Hepburn）在景观欣赏中，也提倡"形而上想象"（metaphysical imagination）的作用（1996）①。

卡尔松 又一个很好的问题。首先让我说，总体而言，在丰富和深化我们的自然审美欣赏方面，除了应用科学知识，应当还有许多途径。我想提出的对这些丰富和深化我们自然审美欣赏途径的一个总的限定是，它们应当限于信息、知识、情感反应，或者是那些在某种意义上说，属于、源于或相关于所欣赏对象（此处是指自然）的东西，而不是那些由欣赏者强加于所欣赏对象身上之物。因此我以为，比如在许多情形下，那些真正有关于自然对象特征和属性的民间传说，甚至是神话的知识，而不只是一些强加于自然对象的故事，可以成为丰富和深化自然审美欣赏的很好方式。那么，自然哲学或形而上想象的作用又如何呢？在此方面，我想提出的首先是，要把同样的标准应用于这些更抽象之物。这就意味着，如果它们在某种程度上真正属于、源于或相关于所欣赏的自然对象，而不只是强加于自然对象上的东西，那么，它们可能会成为丰富和深化自然审美欣赏的很好途径。其次，依我之见，基于上述标准，我们只能根据自然哲学，或对自然沉思的特殊情形回答上述问题。因为我想，有些情形确实与自然相关，有些情形则并非如此。我不了解庄子的自然哲学，但对于罗纳德·赫伯恩的形而上想象，我担心太多的此类想象，诸如

---

① Ronald Hepburn, "Landscape and the Metaphysical Imagination," *Environmental Values* 5: 191 – 204.

畅想我们在宇宙中的位置、人类的处境等，它们相关于人类者多，相关于自然本身者寡。

薛富兴　如我前面所言，在古代中国，有一个伟大的自然审美欣赏传统，可是，它产生和发展于一个更大的、科学研究很弱的文化传统中。不是科学知识，而是人类情感，或智慧直觉在自然审美欣赏中起了关键作用。事实上，以自然审美经验表达个人情感或哲学智慧在古代中国十分普遍。要想把自然审美经验从艺术经验中区别出来，十分困难，因为艺术家们喜欢用自然对象、现象表达自我。基于此事实，那么，我们是否应当把这种审美经验视为一种主观经验，因此，它也就是不正确的，至少是不恰当的？如果答案是肯定的，那么，这会导致下面的结论：整个中国古代自然审美史因其主观性，就是一部可怕的不正确自然审美欣赏的记录。我想，这样的结论可能使大多数中国人感到震惊。那么，是谁需要修正，您的"科学认知主义"，还是中国的自然审美欣赏史？

卡尔松　这个问题与前面的一个相似，可以说是前面那个问题的强化版，是从主观性角度提出问题。首先，让我重申一下我此前对那个总体问题的立场，然后再陈述一下主观性这个特殊性话题。对于那个总体问题，我在此前讲过，西方科学在人类历史上的不同时间和地方存在许多相似性，这些相似性可以提供充分的自然知识以支撑恰当的自然审美欣赏。我不知道中国古代的情形。但我感到好奇的是：是否在那里没有精致的方式以使那种文化中的人们获得关于自然界特征和属性的深刻、丰富的知识——其知识深刻、丰富到足以支撑恰当的自然审美欣赏。但是，在这个新问题里你也承认，古代中国的自然审美欣赏是主观的。在此，对于"主观性"这一概念，我们要特别留意，这个概念到底意指什么，以及被宣称为主观的准确事实到底是什么。我所关心的那种主观性是指，就我们能宣称一种对特定自然对象的特定审美判断可能是主观的而言，这种审美判断才是主观的。在某些情形下，一种对你而言是真实的判断，对我而言也许是主观的。这便是一种关于自然的特殊主观性，我想，我们应当努力避免这种主观性，因为它削弱了一种有益的生态审美的可能性。可是，我不认为这是中国古代自然审美所涉及的那种主观性。当然，我并不知道古代中国的实际情形，但我感到很好奇的是：古代中国人是否有这样的总体倾向——认为自然对象最美，或自然对象具有很大的审美价值。如果情况确实如此，那么，就主观性的第一种意义而言，则古代中国的审美判断便可能很不主观（若此便有点儿客观）。说他们的审美欣赏是主观的，我想应当是指另一层意义上的，即主观性的第二种意义。在此意义上，当审美经验紧紧地相关于，或在本质上主要的是关于或源于一种审美经验的主体，而不是审美经验的对象时，我们称这种审美经验是主观的。我也认为，这种意义上的主观性正与你所描述的中国古代审美经验相关，因为你说，在古代中国，"要想把自然审美经验从艺术经验中区别出来，十分困难，因为艺术家们喜欢用自然对象、现象表达自我。"现在，虽然要把两者区别开来很困难，但我认为它们还是可以区别的。再者，对于后者，即个体通过对象自我表达的艺术表现，确实是第二种意义上的主观经验，即主要地相关于，或源于审美主体。但这并没有什么错，而且这种主观也不存在什么问题。我们可以利用各种事物，包括自然对象表达我们自己。在如此这般时，我们频繁地参与到一种主观经验。虽然通过自然事物主观地表达自然本身并没有错，但它与对这些自然事物的审美欣赏并不相同。这有点儿像一个人用一束花向他的夫人表达爱意。这是在利用花朵，一种自然对象以自我表现，这一行为并不必然地与对花的审美欣赏相关。同样，利用一座山峰作为画此山之模特儿，或用于激发创作一首关于此山的诗歌之灵感，只是表达关于此山情感的自我表现之途径，并不能必然成为对此山本身进行审美欣赏。因此，我们能区别"将自然审美经验从喜欢用各种自然对象和现象进行自我表现的艺术家（还有我们中的其他人）的艺术审美经验中区别开来。"虽然后者是一种主观经验，但我们并不能由此得出：前者至少在第二种意义上需要，或是主观的，更不用提第一种主观性。再者，如我现在所提议者，我怀疑在中国古代自然审美中，存在许多第一种意义上的主观性。所以，对于上面你所提问题——"是谁需要修正，你的科学认知主义，还是中国的自然审美欣赏史"，我的回答是：它们都不需要修正！

薛富兴　您在描述日常生活建筑的审美欣赏时说，"这一领域不只包括我们所有的建筑物，也包括我们的所有道路、街道、桥梁、港口、电厂、电线，以及所有其他东西。的确，它包括了几乎所有的有时称之为'人类景观'（landscape of man）的事物"（1999）①。依我之见，按照你这种说法，任何东西都是可以欣赏的。但这样的结论在许多情形下似乎是反直觉的。因此，我的问题是：对于人类环境，特别是日常生活建筑的审美欣赏，是否有必要给出一个可欣赏性的基本标准。如果回答是肯定的，那么这一标准是什么？

卡尔松　这个问题很难，对它，我还没有一个最后的答案。但至少，做一些区别也许可以使这一论题变得更清楚一些。我们需要对一些东西进行区别。一种是可以进行审美欣赏的，另一种是整体上具有积极的审美价值。我想，日常生活建筑中，有许多东西是可以进行审美欣赏的，但在整体上却没有积极的审美价值。所以，我确实主张，在人类环境中，任何事物（至少是大多数事物）具有审美欣赏价值。至于你所引录的那一段，我的观点是，人类环境中许多可欣赏的东西，比如电厂和电线，通常被忽略了。再者我认为，当人类环境中这些通常被欣赏所忽略的

①　Allen Carlson, "The Aesthetic Appreciation of Everyday Architecture," *Architecture and Civilization*, ed., M. Mitias, Amsterdam: Editions Rodopi, 1999, pp. 107 – 121.

部分之可欣赏性不再被忽略时，它们就具有了审美欣赏的价值。我们经常会发现：它们具有比我们原来所估计的更大的审美价值。可是，这并不意味着，它们作为整体具有积极的审美价值，它们在整体上也许具有消极的审美价值。现在，为了确定审美价值，我们确实需要标准。但论及人类环境，如上所述，我并没有最后的答案。可是，我确实认为，即使有，它也并不是一种单个的基本标准，而当是一系列不同的标准。我希望，这些标准中的某些部分将不得不与某些我在前面就人类环境审美欣赏所提出的观念相关，诸如环境和环境的构成要素间具有我有时所称的"功能适应"；或者，它们如我有时所表述的"状如所当"（looking as they should）。有些标准也许不得不与人类环境相关，这些环境看似具有可比之于在自然环境中所发现的可贵的生态美特征。当我考察人类环境美学的"生态学方法"概念时，我发展了这一观念。我在前面所提及的最近那本著作——《自然与景观：环境美学导论》（*Nature and Landscape*：*An Introduction to Environmental Aesthetics*，2009）①——对环境美学的简介中，也讨论了这些观念。

　　薛富兴　在您对诺埃尔·卡罗尔"感兴模式"②的批评中，您主张欣赏中的反应因素只能是第二性的，所以，任何特定反应的存在自身作为一种欣赏，并不能充分地建立起反应（1995）。③可是，这样一种"反应因素"在中国被认为是自然审美欣赏中最重要的因素和功能。因为没有这样一种由自然所

---

　　①　Allen Carlson，*Nature and Landscape*：*An Introduction to Environmental Aesthetics*，New York：Columbia University Press，2009.

　　②　Noël Carroll，"On Being Moved By Nature：Between Religion And Natural History"，see Allen Carlson and Arnold Berleant，ed. *The Aesthetics of Natural Environments*，Broadview Press，2004，pp. 89 – 107.

　　③　Allen Carlson，"Nature，Aesthetic Appreciation，and Knowledge，" *Journal of Aesthetics and Art Criticism* 53（1995）：393 – 400.

引起的反应，任何自然审美欣赏都将是不可能的，虽然反应对一种丰富的自然审美欣赏而言，并不充分。同时，被自然所感兴对我们的自然审美欣赏而言，似乎也是一个精彩的起点。事实上，"感兴理论"在古代中国是一种关于自然审美欣赏最有影响力的观念。这一理论的首要功能似乎是，它从心理学和哲学的角度强有力地解释了我们自然审美经验的起源。再者，自然对人的感兴功能也可以是心理的和哲学的。您愿意对"感兴模式"作更多的评论吗？

　　卡尔松　这是又一个重要问题。首先，让我清楚地表明，我认为情感唤起，特别是诺埃尔·卡尔罗所讨论的那种情感唤起，经常的是恰当自然审美欣赏中的一个因素。再者，当它是这样一个因素时，它经常可以是一个非常重要的因素。关于这种反应因素，我在评论中只是说，对于欣赏性反应而言，它并不充分，更不用说是一种审美欣赏。通过考察情感反应的不同情形，我们可以明白这一点。比如，可能会有比如可怕或恐怖之类的情绪反应。此类情绪可能与所反应任何对象的欣赏无关。当然，这些情感反应也可以与欣赏相关，我的观点只是它们并非必需者，因此，具有这样的反应对欣赏而言并不充分。在回应我的这一观点时，你提出"这样一种'反应因素'在中国被认为是我们自然审美最重要的功能，因为没有这样一种由自然而引起的反应，任何自然审美欣赏都不可能。"可是，如果你的主张成立，它只能说明，反应性因素对自然欣赏是必要的，但并不是充分的，后者正是我要否认的。现在，反应性因素对于审美欣赏而言是否必要，对这一点我也表示怀疑。因为依我之见，审美欣赏中明显地存在此类情形，即根本没有情感反应因素存在。可能的一个例子就是，对一些非常抽象和智力性强的艺术形式的审美欣赏。我不能确定这一点，可是，虽然我否定反应性因素对于审美欣赏的充分性，而且我还怀疑反应性因素对于审美欣赏的必要性，如我所言，我并不怀疑这样的事实：对于许多审美欣赏而言，这样的反应既出现频繁，而且也很重要，特别是在自然审美欣赏中。有鉴于此，我确实同意你的说法：自然之感兴对我们的自然审美欣赏可以是一个"精彩的起点"，而且对我们的自然审美经验起源有一些阐释性作用。但是，这与我的反应因素对审美欣赏并不充分、甚至可能并不必要的主张没有冲突。在许多情形下，它只是一种并不重要的活动，只是偶然特性，或者是构成我们对那种活动或对象审美欣赏的一个"精彩起点"，同时也解释了我们所从事的那种活动或对象的起源。比如，对一种特殊食物的口味可以成为解释我们为何首先消费它的原因，它也可以解释我们消费它的起源。但是，对其趣味的特殊维度只是那种食物的一种偶然，而非本质特性。

薛富兴　在 2008 年，您与西拉·林唐特合编了一本题为《自然、美学和环境主义：从美到责任》（*Nature, Aesthetics, and Environmentalism: From Beauty to Duty*, 2008）的文集①。我把这本书视为您的美学一个重要的新转折点。质言之，您研究的重点从美到责任的转变，或者说，是从美学到伦理学的转化。至少，环境伦理学在您的环境美学中可以成为一个更重要的因素。我认为，伦理学的引入可以帮助我们理解自然的价值，以及除了对自然环境进行审美欣赏之外，我们还应当为自然环境做些什么。对传统美学而言，自然美是一种既成事实，自然美学的唯一主题就是我们应当如何欣赏自然美。但是，对环境美学而言，情况发生了很大变化，因为我们必须面对一些铁的事实：许多自然环境已经发生变化，甚至遭到毁坏。对环境美学而言，问题不再只是我们应当如何欣赏自然美，而是为什么原来美好的自然环境一去不复返了，为什么自然环境由美变丑？简言之，对自然环境的这种

---

① Allen Carlson and Sheila Lintotted. , Nature, ed. *Aesthetics, and Environmentalism: From Beauty to Duty*, New York: Columbia University Press, 2008.

消极变化，人类应当承担什么样的责任，在保持和唤回自然美方面，我们能做些什么？对我而言，环境伦理学对环境美学的最重要贡献，便是其"自然的内在价值"观念，这一观念可以成为自然对象、环境审美价值的恰当基础。传统上，我们通过自然对象可以为人的感官提供悦耳目的形式美，来论证自然的审美价值。但是，这种价值仍然是由人类对自然对象的利用来证明，即使它只是一种心理的或审美的利用。环境伦理学告诉我们：自然环境的审美价值并不在于它为我们的感官提供令人愉快的形式特性，而是其内在价值，这是一种对自然对象、环境自身之生存和发展有益的善。虽然美对自然自身并非必要，但是，当我们以一种同情之心感知、体验和欣赏自然的内在价值时，这种价值对我们来说，就转化为一种审美价值。质言之，我们不应当将自然的审美价值理解为一种自然可以从某种方式满足我们的欲望或需要的特性，即使是一种可以满足我们审美经验需求的特性。我认为，自然的审美价值是当我们悉心体验自然环境中自然对象的幸福时所能感受到的一种愉快，如我们在享受自己孩子的幸福时所能体验到的那种愉快一样。环境伦理学家赫尔米斯·罗尔斯顿提出：美学可以为伦理学做什么（2008）①？答案也许如此：它可以将审美趣味转化为一种环境美德，在自然审美欣赏过程中尊重自然，使美成为自然的一种重要价值，并使美成为人类关心和尊重自然的一个重要原因。您对我上述观点有何评论，是否可以再讨论一下伦理学的功能，特别是环境伦理学在环境美学发展中的作用？

卡尔松　你所言者甚有趣，大部分我都同意。如你所言，传统的自然美学，如我所提及之画意景观传统，就有一种将重点放

---

①　Holmes Rolston Ⅲ, "From Beauty to Duty: Aesthetics of Nature And Environmental Ethics," See Allen Carlson and Seila Lintott, ed. *Beauty to Duty: From Aesthetics of Nature to Environmentalism*, New York: Columbia University Press, 2008, pp. 325–338.

在形式美的倾向，而且将自然的审美价值视为某种工具价值。具
有工具性审美价值，意味着自然只服务于人类的需求、欲望，在
此情形下，即是我们的审美需要和审美欲望时，它才有这样的审
美价值。对比之下，一些当代环境美学的方向更符合环境伦理学
的观点：自然具有内在价值，而不只是工具性价值。再者，许多
研究者认为，自然的审美价值是自然内在价值的一个典范。因
此，如你所言，通过与环境伦理学建立起更紧密的联系，环境美
学能够向更为清晰地发展和维护自然具有内在审美价值的立场之
方向运动。当然，如你所言，我们如何对待自然，我们决定保护
什么，将自然用于什么目的，此类问题也很重要。只要我们承认
自然的审美价值是内在的，而不只是工具性的，我们就会发现：
许多自然环境具有极大的审美价值。这些价值我们此前未能欣
赏，因为欣赏它们似乎并非易事，它们不能很快地满足我们审美
经验的需求和欲望。我现在在此领域所做的工作，约略地反映在
你提及的那本我与西拉·林唐特合编的题为《自然、美学和环
境主义：从美到责任》的文集之导言部分中。基本观点是我们
需要认同我所称的环境主义要求。这些要求是：环境主义需要自
然美学，这样，在有关我们应当怎样对待自然环境的问题上，自
然美学有助于实现环境主义的需要。我以为，这些需求源于传统
自然美学的一些不足，当代环境美学和环境伦理学中哲学家们，
比如你所提及的罗尔斯顿，他已在传统自然美学中发现了这些不
足。我主张，总体而言，环境主义的这些要求呼吁在自然美学中
发展和维护具有某种特性的自然环境审美欣赏方法。特别地，我
以为，自然审美欣赏特性至少应当包括以下内容：1. 非中心的
（acentric），而不只是人类中心主义的（anthropocentric）；2. 环
境 聚 焦 的（environmental—focused），而 非 景 致 迷 恋 的
（scenery – obsessed）；3. 严肃的（serious），而非肤浅和琐细的
（superficial and trivial）；4. 客观的（objective），而非主观的

（subjective）；5. 伦理参与的（morally engaged），而非伦理真空的（morally vacuous）。根据这些要求，接下来的问题便是拓展到当代环境美学已经开拓出的自然美学新立场。比如我们在这次访谈中已讨论过的参与美学和科学认知主义，便可以满足这些要求。就它们可以满足这些要求而言，这些新立场可以培育一种与环境主义更为强大，也更为积极的关系，而不只是将环境美学限制于传统的自然美学范围内。环境美学和环境伦理学可以此方式相互服务。在一篇我正在撰写的题为"当代环境美学和环境主义要求"（Contemporary Environmental Aesthetics and the Requirements of Environmentalism）的文章中，我更全面地阐发了这些观念。

薛富兴　我很高兴告诉您，我马上就要译完您的回答了，谢谢您对我问题的精彩回答。通过您的回答，我对您的理论有了一个更好的理解。这是环境美学领域中西学者间的一次对话，所以，我相信中国的学者们会对这次访谈感兴趣。

卡尔松　知道你喜欢我这些回答我很高兴。如我所言，我很喜欢做这项工作，我希望中国的学者也喜欢它。

薛富兴　我发现，在维护您的理论方面，您是一个坚强的战士；同时，对于您的理论，我也是一个难缠的驳难者，所以，这次访谈便是一项极有魅力的工作。可是，我意识到，不同文化间的交流并非易事，它是一个漫长的旅程，而不只是一次简单的访谈。好在毕竟，我们已经开始尝试，我们已经有了一个好的开始。

卡尔松　我乐于维护我的理论，我想，你提的问题很好，这样，我就想从细节上强调一下。你在策划这次访谈时，我就意料到你是一个爱提高难度问题的驳难者。你在这方面做得很好。

薛富兴　我们正生活在一个全球化的时代，一个生活于不同文化背景下的学者们应当共享知识和智慧、相互交流的时代。您

可以就中西方学者间的学术交流谈点看法吗，您是否乐于对中国
美学界的学者们说几句话？

　　卡尔松　我能讲的最佳之事可能只是请中国学者继续研究环
境美学，并希望他们能像我一样享受自己在这个领域中的工作。
在环境美学方面，我已从与你的交流中学到很多东西，我期望能
从这个领域的其他中国学者那里学到更多。我相信，我需要从他
们那里学习许多东西，而且我将发现，我从他们那里所学到的东
西是值得的，需要我悉心研究。此外，我也希望我的研究成果也
值得他们继续关注。所以，虽然我相信大部分中国学者能够从容
地阅读我的英文版著作，但我还是以为，附上一个我的已有汉译
版本的论著目录，当颇有益。

　　薛富兴　谢谢您接受采访，盼望不久能在中国再次见到您！

　　卡尔松　非常感谢你，为你的好问题、好讨论。我也正期盼
能再次访问中国，再次与你交谈。

（翻译：薛富兴）

拓展美学疆域，关注日常生活

——沃尔夫冈·韦尔施访谈录

王卓斐①

[美学家简介] 沃尔夫冈·韦尔施（Woefgang Wesesch，1946—），德国当代最知名的后现代美学家之一，国际美学协会会员，1992 年德国马克斯—普朗克学术研究奖获得者。自 1998年起，韦尔施开始在德国耶拿席勒大学哲学院执掌教席，此前他曾任教于巴姆贝格大学和马格德堡大学，并先后在埃尔兰根—纽伦堡大学、柏林自由大学、柏林洪堡大学、斯坦福大学、埃默里大学、乌尔姆大学的洪堡研究中心担任客座教授。其研究领域涉及认识论、人类学、哲学美学、艺术理论、文化哲学、当代哲学以及亚里士多德与黑格尔的思想理论。迄今为止，韦尔施出版了有关哲学、美学研究的著作 13 部，论文百余篇。代表作有《感官性：亚里士多德的感觉论的基本特点和前景》（*Aisthesis：Grundzüge und Perspektiven der Aristotelischen Sinneslehre*，1987）、《我们的后现代的现代》（*Unsere postmoderne Moderne*，1987）、《审美思维》（*Ästhetisches Denken*，1990）、《理性：同时代的理性批判和横向理性的构想》（*Vernunft：Die zeitgenössische Vernunftkritik und das Konzept der transversalen Vernunft*，1995）、《美学的越

① 王卓斐，女，山东大学文艺美学中心博士生，主要研究方向为德国当代美学。2008 年至今获德意志学术交流委员会（DAAD）基金资助，在德国波恩大学哲学系汉学院从事博士课题研究。本文获德意志学术交流委员会研究基金资助。

界》（*Grenzgänge der Ästhetik*，1996，英文版为 *Undoing Aesthetics* [《重构美学》]，1997）等。其中，《我们的后现代的现代》与《重构美学》已在国内被译成中文出版。在美学研究方面，韦尔施以感性学为理论支撑，主张美学应当突破传统意义上与美、与艺术结盟的狭小圈子，向日常生活经验开放。他以横向理性为治学思路，在坚持审美选择多元化的同时，努力摆脱不可通约性，保持积极协调的态势，显示出浓厚的辩证色彩。在当今时代，韦尔施从感性学角度切入美学的研究立场，有助于人们将视角引向生活世界的"盲点文化"，从而为传统与现代、东方与西方之间实现有效的对话提供某种可能与契机。2000 年左右，他所倡导的"日常生活审美化"理论被介绍到中国，随即成为美学与文艺理论界长期争论的热点话题。目前，韦尔施正从事的研究课题有：超越现代人类中心主义、跨学科人类学的系列研究（进化对人类的持续影响、人类的特殊性、人类知识客观性的前景）、认识的客观性形式及可能性、黑格尔的"经验"理论。2008 年7 月 19 日，中德联合培养博士生王卓斐赴柏林对韦尔施进行了采访。德国波恩大学汉学院讲师马海默（Marc Hermann）先生受导师顾彬教授委托，为这次访谈操持前期准备工作，如对问题的设计提供指导，等等。

王卓斐　韦尔施先生，您好！很荣幸能有这样一个难得的机会向您当面请教！多年来，您一直活跃在国际美学界。从 1995 年至今，您在国际美学大会上所做的一系列演讲，如《体育是一门艺术》（1998）、《超越人类中心主义》（2001）、《论动物的美感》（2004）等都产生了较大的反响。其中，"超越人类中心主义"更是被国际美学协会（Internationale Association für Ästhetik）定为今后工作的关键性理念。除此之外，您或教学，或研究，或学术访问，在欧美多所著名高等学府留下了足迹。结合自身经历，您能否先就当前国际美学研究的总体情况做一个概括？

韦尔施　我认为，从根本上讲，当前的美学研究已跨越了国家、地区的疆界，显示出强劲的国际化发展态势。在西方领域，综观德、法、美等国的研究，可以发现这一共同的国际化趋向。所谓的差异、分歧仅涉及具体的理论和理论家，而在国家、地区之间则很难找出根本的区别。人们早已认识到：纵然身处西方世界，实际也难以避免美学研究的国际化浪潮。在此，我想特别指出的是，这股浪潮最终也席卷了亚洲国家和地区。现今的"国际美学协会"有不少来自亚洲的同行，他们坚定地捍卫自身的美学传统，使其发挥重要的作用，同时亦普遍认为：不管来自中国、日本还是韩国，有两点必须兼顾：在保持自身美学传统特色的同时，还必须关注其他国家的美学发展状况。我想，对任何一个国家的美学工作者来说，这都可谓一条正确的道路：既要弘扬自身的美学传统，同时也应具备国际化的视野，对国际美学动态予以足够的重视。

王卓斐　在美学研究的国际化浪潮中，德国美学目前面临的是一种什么样的境遇呢？

韦尔施　或许你听说过"德国美学协会"（Deutsche Gesell-schaft für Ästhetik）这个机构，不过我并非它的会员。因为它从1993 年成立之日起，便对我的美学主张表示明确地反对，并将其写入章程。比如，我提出"拓展美学的疆域"这一观点，呼吁应当对日常生活的审美现象给予足够的重视，当时遭到该协会同行的强烈抵制，认为此类研究登不得大雅之堂。15 年过去了，如今的情况又是如何呢？2008 年 9 月 29 日至 10 月 2 日，德国美学协会将在弗雷德里希—席勒·耶拿大学（Friedrich – Schiller—Universität Jena）召开第 7 届大会，会议的主题便是"美学与日常经验"（Ästhetik und Alltagserfahrung）。显然，曾受到严厉抨击的后现代美学思想，正作为一种主导性理论被德国美学界广泛认可，对此我感到由衷的欣慰。15 年前，"德国美学协会"反对我有关"关注日常生活"的美学主张，而 15 年后的今天，它却最终背离了当初的信条，承认日常生活也应当被纳入美学的视野。

我的活动领域主要在国际美学协会。作为会员，我曾多次出席三年一届的国际美学大会并作发言。但在这样一个国际美学的大舞台上，我却从未见到来自"德国美学协会"的同事举行讲演。这说明，德国美学在当今的国际交流中未曾起到应有的作用。对此，我还是那句话：让我们克服狭隘的民族意识，放眼世界吧！

王卓斐　能否谈一下您的美学理论的主要来源？或者说，有哪些理论对您的美学研究产生了重要的启迪作用？

韦尔施　明确地讲，鲍姆嘉通（Baumgarten）、黑格尔（Hegel）、海德格尔（Heidegger）、阿多诺（Adorno）都曾对我的美学研究产生过重要的影响。其中，鲍姆嘉通的美学思想尤其令我感到惊异。因为他将美学作为一门研究感性认识的学科建立起来。在他看来，美学研究的对象首先不是艺术——艺术也只是到后来才成为美学研究的主要对象——而是感性认识的完善。在研究过程中，我尝试着努力恢复鲍姆嘉通的这一原始意图。

不过，我认为，在美学领域，始终是这样一种情形：在理论的形成问题上，用所谓"来源"（Ursprung）之类的字眼来描绘是不够贴切的，而是更多地涉及通过前人的著作受到哪些启发（Anregung），随之自身产生哪些创见，这才是至关重要的。因此，在阅读作品的时候，企图寻求用与作者完全一致的思路去分析问题是不可取的。在读过黑格尔之后，可以尝试提出与其截然不同的观点。然后，人们将不得不承认，这已然是另外一种理论，而不再是黑格尔的思想了。

王卓斐　在《我的美学探索》(*Meine Versuche in der Ästhetik*)中，您曾经提到，哲学与艺术是您在学术上能够取得腾飞的两翼。哲学赋予了您反思的能力，而艺术则向您展现了一个充满生机的世界。以至于在上高级中学的时候，您曾一度想献身艺术事业。

韦尔施　是这样的。回顾我的美学历程，我感到贡献最大的还不是形形色色的美学理论，而是大量丰富的艺术实践。为了能对艺术有更多的了解，1964 年我甚至特地搬到了慕尼黑。正是在那里，我广泛接触了不同的艺术门类，先后对文学、电影、音乐等产生了浓厚的兴趣。可以说，对我的美学研究产生最重要影响的，不是书本的教条，而是对艺术作品的生动体验。

王卓斐　1982 年，为申请德国大学授课资格，您完成了自己学术生涯中具有奠基性的论著《感官性：亚里士多德的感觉论的基本特点和前景》(*Aisthesis*：*Grundzüge und Perspektiven der Aristotelischen Sinneslehre*，Stuttgart：Klett – Cotta，1982)。文章对亚里士多德的感觉论作了深入的诠释，您指出，亚里士多德的这一理论不再仅仅将感觉与感官联系在一起，而是突破了这个狭小的圈子，将感觉的地位上升到普遍意义的高度，甚至可以说，缺少了感觉，世界的意义也就不复存在。您能扼要地谈谈该理论的初衷吗？

韦尔施　亚里士多德曾多次重申这样一个观点："人的感觉始终是真实的"，这似乎令人有些不太容易接受。按照通常的哲学理论，关于真假的判断首先属于理性的范畴，而感觉仅为其提供素材。亚里士多德有关"人的感觉始终是真实的"论断显示了其出色的洞察力。他力图揭示，人的理性判断往往恰好是错误的开端，而感觉则不会犯这样的错误。比如，如果人们感到某件物品很凉，那么这种"凉"的感觉是真实存在的。又如，有人在病中品尝了蜂蜜，然后断言："蜂蜜是苦的"，那么，这位病人的感受也是真实的。可是，当人们把"冷"、"苦"等感觉与事物的属性画等号时，则会容易导致错误的产生。正如前面提到的例子，如果就此判断蜂蜜本身具有苦的性质，那么我们知道这是不对的。尽管对一个患黄疸病的人来说，蜂蜜的味道的确是苦的，但唯一符合事实的是，只有处于此类病态中的人才会有这种苦的感觉。亚里士多德由此指出，感觉为真实性的基础和前提，而理性则有可能是错误的开端，因为它容易把对事物的感觉与事物本身的性质混为一谈。事实上，神经生物学、神经解剖学、脑生理学等学科通过图像技术手段也证实了亚里士多德的这一论断。

今天，我们认为，有许多情况属于感觉的范畴。比如，如果确定某件物品很"凉"，那么同时也表明了：其一，该感觉不同于"热"的感觉；其二，该感觉不同于对色彩的感觉。于是，单是为获取这种"冷"的感觉便要求了好几种辨别能力。通常，人们会将这些能力首先归于理性的范畴。可亚里士多德的非凡之处在于，他指出存在的真实性源于人的感觉，而感觉要比一般所想象的敏锐得多。理性能够发挥多大的效用，也是以对外界的感觉为前提和基础的。这样说来，从康德开始盛行的直观与知性分立的理论便值得怀疑了。对于亚里士多德的这个理论，以前人们始终缺乏较为充分的认识。借助感觉心理学等最新的研究成果，它才重新得到重视。

王卓斐　似乎从一开始，您的哲学思考便有某种批判性的冲动，要对"意义"的传统理解进行反驳。正如您所指出的，在西方传统哲学话语中，"纯粹"的意义实质上不具有感性的特征。对此，您力求为"感性的意义"正名。

韦尔施　不错。无论过去还是现在，我一直坚信，意义根本上是感性的意义。在与世界进行体验的过程中，通过感官获取的东西，根本而言，是我们从事一切活动的基础。即使在解决较为重大的问题时也需要感性活动的介入，比如"世界究竟是怎样的情形？""是否有神的存在？"等等。如果我们想获得准确的知识，那么它的基础必须建立在自下而上的方式上，而这与那些具有代表性的传统哲学观点是有区别的。根据后者，意义产生于有如柏拉图的理念王国之类的纯粹精神领域，而感觉不过是纯粹精神世界的低劣映像。

在"镜子的象征：柏拉图对艺术的哲学批判与列奥纳多·达·芬奇对哲学的艺术超越"（"Das Zeichen des Spiegels. Platons philosophische Kritik der Kunst und Leonardo da Vincis künstlerische überholung der Philosophie", in：*Philosophisches Jahrbuch* 90/2，1983，S. 230 – 245）一文中，我曾对达·芬奇的"感官（对事物）的理解力"与柏拉图的"纯粹精神（对事物）的理解力"两种理论作过对比。我始终认为，把握世界的方式必须是自下而上的，于是，美学也应当通过自下而上的途径建立起来。

王卓斐　从1985年起，您逐步将"横向理性"确立为治学的基本思路。在1995年出版的《理性：同时代的理性批判和横向理性的构想》一书中，您对这一理论做了总结，指出横向理性本质上为对各种合理性形态进行反思的能力，它不仅强调差异，而且考虑到过渡。换言之，横向理性重视不同合理性形态之间的关联，但不强求整合；强调多样性，但不提倡将一切变成碎片。具体到美学领域，请问您是如何运用这一构想的？

韦尔施　"横向理性"的美学内涵非常丰富，在此我着重分析其中的两点。第一，"横向理性"涉及了各种不同的理论在研究过程中的相互结合问题。其核心意义在于，当人们在对一件事物作经济、伦理或美学等方面考察的时候，还应时常关注其中是否还涉及了其他的内容。比如，在对事物进行审美分析的时候，应考虑其中是否也包括了诸如伦理的、认知的或政治的等超审美的成分，尽管表面看来，研究的正题似乎只与审美有关。同样，在考察事物的伦理内涵的同时，也要留意一下是否还有美学的、认知的或政治的意义存在。特别在面对艺术作品的时候，"横向理性"的思维方式显得格外有效。

王卓斐　您能举例说明一下吗？

韦尔施　比如，我曾研究过意大利画家乔治·莫兰迪（Giorgio Morandi，1890—1964）的作品。他的许多作品描绘的不过是些瓶瓶罐罐。可是，如果进一步观察，便会发现，他完全是按照某种家庭或社会成员关系来进行创作的，因为作品中蕴涵了摩擦冲突或和平共处的理念。而美国抽象表现主义画家杰克逊·波洛克（Jackson Pollock，1912—1956）的作品则旨在揭示一个无限运动的、无序的、自组织的社会。谈这些无非是想说明，很多时候，艺术作品不仅和审美的东西，而且和非审美的东西也会发生关联。欣赏者可以对作品意义进行多方面的解读，这便是"横向理性"构想的内涵之一。

第二，"横向理性"还可用来协调各种认识论范式之间的关系。首先，由于不同的认识论范式会以不同的方式确定对象的范围，"横向理性"便要求先找出并分析这些范式自身的逻辑，尊重其本身固有的规律性及特殊性。其次，尽管各种认识论范式是独立自主的，但它们之间的联系并未消失，因此还应当关注不同范式间的对立、一致及相互交融的可能性。显然，在分析艺术作品的时候，从美学与从科学的角度出发所得到的结论是不一样的。不过，如果人们打算转换范式进行考察，那么就应注意，在转换的同时，也要保留原先范式所获得的有价值的东西。

王卓斐　1990 年，在《审美思维》一书中，您认为审美活动本质上是与感觉经验联系在一起的。您据此得出两点推论：第一，今天的现实世界本身在很大程度上是以审美的方式建构而成的。第二，处于一个时代制高点的思想家都是美学家，比如利奥塔（Lyotard）、德里达（Derrida）和彼得·斯劳特戴克（Sloterdijk）。请问对此该怎样理解？

韦尔施　这两个结论分别涉及了当今现实世界的审美构成问题和对于现实世界的阐释问题。前者旨在说明，今天的现实世界是遵循某种审美的理想建构而成的。这实际指的是日常生活中的审美化现象，它的驱动力是市场营销策略。当商品以诱人的包装呈现在人们面前时，随之产生的审美冲击力令人能够对其欣然接受。此类审美化大多出于种种经济目的，对此我向来没多少好感。

后者指的是有关现实世界的阐释问题。根据现代相对主义理论及库恩的分析哲学，可以得出这样的结论——我们无从知道，现实究竟该怎样描写才算作是正确的。对此，我们可以有不同的设想，而这些设想的价值是大致相同的，因为它们如同建立在一块并不稳定的基石上，而人们却总是试图用其去回答一些人生的基本问题。对此，我提出了"认识论的审美化"这一论题：人总是会有自己的人生感受和体验的，而这一切可被视为具有审美的特性。比如，在笛卡尔梦想为科学寻找根基的时候，这一过程实际已具有了审美的特征。里尔克的作品以其人生经历为主题，描绘了自身与外界环境的融合，而对于这一人生经历的描绘也始终带有强烈的审美印记。于是，人们需要对这些描述进行审视与分析，看其究竟属于主观的臆想，还是现实确实如此。不过说实在的，一旦离开了审美思维，人们将很难找到更好的出路。

另外，有人曾提出质疑，认为我在美学上似乎采取的是一种基础主义（Fundamentalismus）的研究立场。这显然是一种误解。事实上，我并不认为美学构成所有事物的基本层面，相反，我甚至撰文明确地反对此类基础主义，然而他们对此并未能够正确地理解。

王卓斐　在传统理论中，审美经验常被认为有着纯粹主观性的缺陷，不知您如何看待这样的观点？

韦尔施 认为审美活动具有主观性的理论在 18 世纪较为盛行，其中最著名的代表便是康德。在对这一观点进行驳斥之前，我想先解释一下它的理由何在。该观点认为，如果把一个事物看作是"美"的，那么这种"美"不像大小、形状、色彩和比例等是可以客观识别的，而是有着瞬时呈现的特征。为此，人们必须将特定的比例、和谐等赋予对象，比如，把颜色涂在合适的位置，挪动一下花边，改变一下结构等，随之美就产生了。然而，"美"却并非可以用肉眼识别的客观属性。于是，康德用寥寥数语指出，美若不是客观的，那么便一定是主观的。某种程度而言，这样的解释有着相当的说服性。可是，根据神经感知学等最新的研究成果，我们有理由认为这是不正确的。至少某些我们认为是"美"的类型显示出，它们是通过自组织的方式产生的。由于自组织是宇宙最为内在的运作规则——大至银河系，小至花草树木，都遵循了同样的规则，因此，与此相关的美的类型具有非常明显的客观性特征。比如，遵循黄金分割法则或斐波那契数列原理（Fibonacci Reihe）塑造出的形体结构，等等。倘若我们对之稍加留意的话，那么便能够发现其中蕴涵的自组织的客观属性。

因此，至少在上述范围内，审美的内涵有了客观的、类似于知识的特点。虽然我们所能体会到的只不过是"它是美的"，而实际上，这些美的形态的产生经历了一个自组织的过程，从而是具有客观性的。

王卓斐 在《审美思维》中，您曾经提到，伴随着现实的审美化浪潮，有一种反审美（Anästhetisierung）的倾向正日益增长。"Anästhetisierung"原为医学术语，大多情况下指由于麻醉手段而造成的无感觉状态。这里，您用这样一个概念表达了对当代泛审美化现象的不满与反抗。请问这样一来，它又被赋予了哪些新的内涵？

韦尔施 "反审美"的内涵包括多个层面。在此，我只谈其中的两点。一方面，之所以会出现反审美的倾向，其目的在于使我们认识到，具有重大意义的东西不是仅凭制造感官刺激的审美活动就可以被获得的。崇高论美学认为，通过审美的方式，人们只能对审美对象作局部的把握，而真正有重大意义的东西是无法通过这样的方式得到的。这里所谓"有重大意义的东西"实际指的是一种反审美的内涵。该理论在 18 世纪格外受到重视。在这一点上，反审美是作为一些艺术形态的构成要素而存在的。这是反审美的含义之一。

另一方面，反审美也涉及日常生活，与我们正在经历的审美化现象有着密切的关系。此类审美化现象大多是出于经济目的而出现的，自然谈不上有多高的美学价值，甚至可以说是庸俗低劣的。对此，一个明智的做法便是，通过反审美的做法，拒绝关注、拒绝参与、拒绝体验，从这种伪审美潮流的种种纠缠中脱身而出。如果有人说："我在审美方面投入了过多的精力，于是，为了惩戒自己，我锁住了自己的感官"，那么我会对此表示非常理解。可以说，作为一种生存策略，反审美在当今社会具有超审美的积极意义。

王卓斐 在 1996 年撰写的《美学的越界》一书中，您对当今的电子传媒世界进行了理性的审视。您认为，只有对传媒世界与现实世界的关系进行辩证的思考，才能真正地认清我们目前的处境。就电视这一众所周知的媒介而言，包括尼尔·波兹曼（Neil Postman）在内的著名媒介研究学者曾发出过强烈的批评声音。他们认为，电视根本不适合讨论较为严肃的话题。原因在于，它为了提高收视率，过于注重在节目形式上做文章，从而令内容变得非常肤浅。波兹曼等人担心电视文化的泛滥会造成广大民众思考公共问题能力的退化。不知您对此持什么样的看法？

韦尔施 我对此完全表示赞同。事实上，波兹曼等人的断言已经在今天戏剧性地得到了证实。我举个例子说明一下，曾经有个名为"寻找德国的超级明星"的电视节目。它要求推选出德国最重要的历史人物。入围最后一轮的十位人物中有路德、俾斯麦、巴赫和爱因斯坦。按照节目形式的要求，每一位人物都要有支持者，而这些支持者只能为传媒人士。这样一来，推选巴赫的不再是音乐学家、作曲家或者管风琴演奏家，而恰恰是位足球评论员。推选爱因斯坦的漂亮女士是位时尚专家，而她显然对爱因斯坦一无所知。这实在荒唐至极！由于这些传媒人士所知道的不过是与传媒有关的那点东西，这样一来，节目内容就变得非常空洞了。我想，当初还不如直接邀请那些真正的专家学者参加节目。可到头来，原本是外行的传媒人士却升到了"专家"的位置。我认为，这应被视为因过于注重电视节目形式从而对内容造成损害的典型案例。

王卓斐　与对电视的尖锐批判相比，您对互联网多有较为正面的评价。您认为，网络作为迄今为止发展程度最高的信息系统，所提供的内容既综合全面，又富有创造性。只要解决了如何利用的问题，便可以大大提高人们信息选择的自由度，这对个人乃至整个社会都将产生十分积极的作用。

韦尔施　互联网的情况与电视有所不同。虽然在这一领域也有不少现象令人恼火，比如过多的广告插件令下载速度缓慢，可尽管如此，我仍认为，网络对我而言是一种奇妙的信息源。比如，如果我想了解某种疾病，便可以上网查寻。因为那里有各种各样的相关信息，并且总能找到有价值的东西。这可比我亲自跑到图书馆，翻看那些厚重的书籍快多了。即便在哲学领域，对于我不太熟悉的作者，如果仅仅想查查他的年代或主要著作，也是可以通过网络得到的。这的确是妙不可言！由于使用网络主要是冲着信息内容去的，这样一来，就不会存在先前提到的形式对内容的破坏问题。我想，这应该是电视与网络的一个重要区别吧。

王卓斐 您在《美学的越界》中指出，两千年来，西方世界事实上是被视觉文化所主宰和支配的，而到了当今的图像技术时代，视觉文化的一统天下更是将人们赶向灾难的深渊。对此，您认为有必要告别视觉至上来呼吁一种听觉文化。这种听觉文化充满了理解、共生、接纳、开放和宽容的意味，实际象征了人与世界的平等式交流关系。您断言，在视觉文化雄霸西方世界两千多年后，一个后现代的听觉文化时代即将到来。十几年过去了，不知您如何反思当初的这一论断？

韦尔施 我承认，当时自己确实有这样一个宏伟的构想。可发展到今天，却出现了截然相反的情况：视觉文化的地位得到了进一步的巩固，而迈向听觉文化的转变未能出现。当然，这只不过才经历了十几年而已。即便在听觉文化特征有所增强的领域，人们对其评价也大多是比较消极的。以手机的使用为例：通常我乘火车去耶拿需要两个小时，在此期间会无意中听到许多通过手机进行的无聊的对话。这种无所顾忌的侵袭，人们曾在视觉文化中领教过，现在它又在听觉文化中蔓延。再如，最近有一次因航班晚点，我只好待在候机大厅。令人不可思议的是，滞留在那里的商界人士始终在不停地用手机通话，并且音量很大，害得人无法读书或做点别的事情。这使我不由得想起德里达对听觉的另外一种阐释。他认为，听觉并不代表人同世界的交流式关系，而是在某种程度上带有主观性意味。理由是，当人在说话的同时，本身也在倾听，而这只不过是人与自身的交流。实际上，听觉将人封闭在一个以自我为中心的结构中，从而与世界切断了关联。

现在有人放出这样的豪言：争取将来让人们能够在洲际飞行中使用手机！这令我感到不寒而栗。我一直以为洲际飞行是件美妙的事情，因为在近十个小时的飞行过程中，我可以尽情地享受随身携带的美妙音乐，而不是那些使用手机的乘客所传出的闲言碎语。所以很遗憾，到目前为止，听觉文化没有取得多大的进展。

王卓斐　同样是在《美学的越界》中，您对超越艺术领域的审美化过程表示支持，将其视为拓展美学疆域的行动。请问此类拓展对艺术的发展产生了什么样的积极影响？

韦尔施　审美化过程对艺术发展的积极作用体现在：当代艺术已越来越多地将目光投向自身以外的空间，与日常生活、政治、家庭、自然环境等方面愈为紧密地联系在一起。与之相应的是，艺术家不再只为能够在博物馆这个狭小的空间内展出而进行创作，而是介入生活，择取那些转瞬即逝的事件进行编排。不过，他们的作品已不同于在博物馆展出的艺术品。事实上，今天的创作话题虽然仍旧与艺术有关，然而还更多地指向艺术之外的领域。在此后的这些年里，如同我当年所预见的一样，艺术的这一发展势头变得愈为强劲。

王卓斐　2000 年以来，您致力于对现代人类中心主义的批判工作。原因在于，您认为现代西方文化一直基于人与世界对立的关系之上，从而导致了人与环境的紧张关系。为了对那些有意维护人类中心论立场的学派进行反驳，您推出了“超越人类中心主义”的新概念。其主旨在于改变人类对自身的理解，将注意力从以人类为中心转向强调人与世界的整体性关联，从而克服人类中心主义对现代思维的禁锢。您的这一观点在当时引起了国际美学界的广泛关注，国际美学协会主席佐佐木健一（Ken-ichiSasaki）对此给予了很高的评价，认为您的理论从超越人类的美学角度引导人们为美学学科制定新的规范。

韦尔施　那是在 2001 年的东京国际美学大会上，我做了题为“超越人类中心主义”的讲演。在那里，我首次尝试着阐述了人与世界的整体性关联问题。这一观点得到了与会人员的广泛认可，相关论文被收入国际美学年刊，国际美学协会将“超越人类中心主义”定为今后工作的关键性理念。

"超越人类中心主义"也是我正在进行的一项研究课题。我的观点是，只要现代思维仍以人与世界的分离、对立为前提，那么这种思维便是错误的。必须承认，真正的思维是不会在人与世界之间划分界限并制造对立的。作为这个世界的有生之物，人类的一切都来自于进化的过程，而这一过程在人类出现之前便已大规模地开始了。许多感觉所能及的事物都早于人类产生，人类不过在后来对其作了某些改变而已。但世界并非以人类为开端，而是源于进化的过程。就此而言，无论是人类的肉体、智慧，还是灵魂，在很大程度上都是与世界休戚相关的。只有将自己看成这样的在世之物，人类才能正确地认识自身。亚洲思想家早就有了这样的观点——人与世界是休戚相关的。在欧洲古典时期，前苏格拉底学派也认为，人类作为在世之物，必须从世界的角度把握自己，而不是从自身出发，把自己设为世界的对立面。可发展到现代西方社会，情况完全变了，在思想与艺术中出现了强烈的人类中心主义特征。

王卓斐　谈到这里，我想起您在《超越人类中心主义》中曾提出过两个重要概念："非人类的"（inhuman）与"超越人类的"（transhuman），请问它们之间是否存在区别？

韦尔施　肯定不一样的。"非人的"（inhuman）的根本含义指"缺乏人性的"（unmenschlich）。比如，有人对待周围人如同对待动物一样，将其俘获并杀死，毫无尊重可言。这样的行为可谓"非人的"。毫无疑问，对此我们不会予以赞同。而"超越人类的"观点则认为，当务之急是将注意力从以人类为中心转向人与世界的关联，要求适当超越以人类为主的立场，转至世界的角度审视人类。需要指出的是，"超越人类中心主义"不同于"人道主义"（Humanismus），因为后者主张从人的角度出发对人自身进行思考。在此，人类中心论并未被消除，而前者强调从超越人类的角度，即从世界的角度看待人类。

王卓斐　您曾提到，在"超越人类中心主义"的构思过程中，亚洲思维方式所孕育出的关于人与世界关系的理解对您产生了非常重要的启发作用。除此之外，您本人又有哪些创见呢？

韦尔施　从 20 世纪 90 年代中期开始，我曾多次到日本和中国进行访问，眼下又即将去韩国。通过这一方式结识了许多来自亚洲的朋友，并且他们也常到德国来，大家彼此间进行了大量的交流。我承认，在超越人类中心主义理论的形成过程中，亚洲哲学对我有着十分重要的影响。我上过有关道德经和日本哲学家道元（Dogen）思想研究的课程，从日本和中国哲学中吸取了不少有用的东西。其实不只是亚洲哲学，亚洲艺术也给了我许多的启迪。若说我的理论与亚洲思想有所不同，则在于我还试图从进化论的角度出发，论证人类是他所生存的这个世界的产物，从而得出人与世界之间有着整体性联系的结论。我相信，不管对欧洲还是对亚洲的传统思维模式而言，这样的探索都应算作一个小小的创新之举。

王卓斐　您认为一位合格的美学工作者自身应具备什么样的条件？

韦尔施　我认为，衡量一位美学工作者是否合格的标准，并不在于他掌握了多少美学理论。当然这也是一个必要的条件，但是却处于次要的位置，至少我的看法是如此。我认为，美学工作者应具备的首要条件，在于能够对具体生活现象进行审美分析与阐释，而到了这个时候原先所学的美学理论就往往显得不够用或起不了什么作用了。

我设想在课堂上对学生提出如下的要求：现在，请从审美的角度出发，对某个雷雨现象或某处山坡景观进行描述。或者请介绍一下，玻璃器皿的制造者要体现的是怎样的审美理念？其优缺点在哪里？还有没有其他的表现方式？同样的审美理念能否适用于雕塑制作，或需要对其作什么样的改变？对于艺术作品当然也需要进行具体的分析。比如有这样一个问题：蒙德里安（Piet Mondrian）的两幅画作非常相似，由此引出的问题是，人们不仅需要找出它们之间的细微差别，而且还要尝试着回答，为什么后一幅画作与先前的有所不同，其进步之处体现在哪里？

我终生都在同美学工作者打交道，发现有不少人把对理论的掌握置于首要的位置，却忽视了对现象的分析能力，这的确令人遗憾。事实上，我本人很少做纯理论的研究，而是更看重对生活现象的考察。如果能做到这一点，那么你会发现自己能够尽可能地避免一些不切实际的主观臆断。

王卓斐　最后请教一个问题，您能否简单勾勒一下东西方美学合作交流的前景？

韦尔施　正如我从一开始所提到的，美学今后的发展趋势必定是向国际化靠拢。然而，这必不意味着所有的研究内容都是千篇一律的。人们仍要以自身的民族背景为支撑并从中吸取给养。显然，就像中国学者常以其古老的文化传统作为背景一样，德国学者也会不时地追溯到康德、黑格尔或鲍姆嘉通，但前提是要与跨文化国际交流联系在一起。就我所了解的国际美学协会而言，东西方学者的交流其实是非常频繁的。每三年我们会在世界的某个城市举行一次会议。2001年的东京国际美学大会首次在东方国家举行，有许多亚洲的美学工作者进行了发言，从而使国际美学界对亚洲美学的发展状况有了更多的了解。2010年，国际美学协会将在北京召开第十八届大会。我相信，到那时东西方在美学交流与合作方面肯定会有更大的进展。我期待着这一天的到来！

王卓斐　再次感谢您接受我的采访！

艺术终结:从黑格尔到当代境遇
——柯提斯·卡特访谈录

刘悦笛

[美学家简介] 柯提斯·卡特（Curtis L. Carter, 1935— ），美国马凯特大学哲学系教授，国际美国学会第一副主席，曾担任美国美学学会秘书长数十年之久，主要从事美学研究和艺术批评，创建了哈杰蒂艺术博物馆（Haggerty Museum of Art）并任馆长，特别对于分析美学和舞蹈美学有着深入的研究，目前正在撰写一本当代美学史。主要著作有：《当代艺术中的浪漫主义和犬儒主义》（*Romanticism and Cynicism in Contemporary Art*, 1986）、《当代美国民间艺术》（*Contemporary American Folk Art*, 1992）、《当代艺术中的玩偶：个人身体的隐喻》（*Dolls in Contemporary Art：A Metaphor of Personal Identity*, 1993）、《艺术中的孩童：转变的一个世纪》（*Children in Art：A Century of Change*, 1999）、《视觉之诗》（*Visual Poetry*, 2005）。卡特目前的一部分工作是致力于文化中美文化的双向交流，包括曾经出版《高行建水墨画》（*Gao Xingjian, Ink Paintings*, 2003）。

刘悦笛 卡特教授，非常欢迎您再次来到中国，我想和您就两个问题进行对话，一个就是被中国学界所普遍忽视、但在英美学界却仍位居主流的"分析美学"（analytic aesthetics）；另一个则是目前从全球范围到中国本土都愈演愈烈的"艺术终结"（the end of art）理论。今天我们就从第二个问题开始吧，因为这个问题至今在中西学界都还是"焦点"。

　　卡特　谢谢，好的，我们开始吧。

　　刘悦笛　那我先说。我们都知道，艺术终结问题的重提是从1984年开始的，这与一位著名的分析哲学家、美学家和艺术批评家丹托（Arthur C. Danto）是相关的。有趣的是，他在1984年前后抛出两篇大作，先发的《哲学对艺术的剥夺》，这个题目一看就不可能引发多大影响，但《艺术的终结》一经抛出就引起轩然大波。直到今天，当"艺术终结"理论旅行到中国的时候，真可谓是姗姗来迟呀！

　　卡特　的确如此，但丹托的理论更多还与黑格尔相关，是通过阐释黑格尔而得出结论的。

　　刘悦笛　在安卡拉第十七届国际美学大会上，您也曾说过，其实您才是在美国谈论艺术终结的最早的人士，真的是如此吗？

　　卡特　哦，事情是这样的。我也曾就此写过文章，我对于黑格尔艺术终结观念的兴趣，最早开始于20世纪70年代中期。我所写的一篇文章"艺术之死的再探讨：阐释黑格尔美学"（A Reexamination of the "Death of Art" Interpretation of Hegel's Aesthetics），最早发表在1974年"美国黑格尔学会"的会议上，后来收录在1981年出版的《黑格尔的艺术与逻辑》（*Art, and Logic in Hegel's Philosophy*, 1981）① 一书当中。在当时，"艺术终结"的话题仍被"戏剧性"地标识为"艺术之死"。

　　刘悦笛　为什么会这样呢？在中国的语境中也是如此，大家听到艺术终结就立即联想到艺术死亡，或者将这二者完全等同起来，其实黑格尔在《美学演讲录》（*Lectures in Aesthetics*）——中国美学家们更倾向于直接将之直译为《美学》——当中所使用

---

① Warren E. Steinkraus and Kenneth L. Schmtz, eds., *Art, and Logic in Hegel's Philosophy*, Humanities Press and Harvester Press, 1980, pp. 83 – 103.

的德文概念是"der Ausgang",这个词非常有趣,他的确有"终止"之意,但是又包含"入口"的意思。

卡特 在美国也是如此,对于黑格尔的理解,主要建基在黑格尔的 1920 年的英译本的基础上,译者是学者奥斯马通(Osmatson)。直到 1975 年,由 T. M. 诺克斯(T. M. Knox)翻译的黑格尔的《美学演讲录》才解决了这种翻译的误解,这居然同我对于黑格尔的解释是一致的。

刘悦笛 这也就是说,艺术终结与艺术死亡根本就是两码事了。丹托的文章发出之后,引发了巨大的反响,有编者随着以他的文章为靶子,在 1984 年编辑了《艺术之死》(*The Death of Art*,1984)的文集。更有趣的是,丹托在被误认为是"艺术死亡论"的代表人物之初,竟然没有反驳,等到越炒越热之时,又站出来澄清——我只说过艺术终结却从未说过艺术死亡呀,这不能不说是"智者的诡计"!

卡特 实际上,在美学上最早提出艺术死亡论的,并不是丹托,起码在你我所共知的克罗齐(Benedetto Croce)还有埃瑞克·赫勒(Eric Heller)都对此有所探讨。这就更需要对于黑格尔的文本进行小心的解读,我在当时就已经发现,黑格尔并有没有按照通常理解那样,将意图放在艺术的终结上面。

刘悦笛 这也就是说,丹托在阐释黑格尔的时候,也是部分遵循了黑格尔的原意,既然丹托是通过阐发 1828 年黑格尔的相关理论而提出新问题的。但是,黑格尔时代的艺术语境与丹托的时代却大相径庭了,丹托更多是针对当代艺术和文化做出自己独特的解答……

卡特 非常可惜的是,我在当时也并没能继续这个讨论。就像丹托那样,将艺术终结与现代艺术和当代艺术直接联系起来。但是,现在看来非常清楚的是,黑格尔的分析,的确开启了未来的发展之路,而这种发展在后来又是如此的巨大。

刘悦笛　这从世界各国的强烈反响那里可见一斑，今年的第十七届国际美学会议上包括我在内的学者仍以艺术终结为题做会议发言，我也曾在 2005 年出版了《艺术终结之后》的专著，我是从阐释杜尚的艺术开始，然后再从黑格尔谈到丹托及其他相关人物。那么，您对于黑格尔的终结论有何新的理解呢？

卡特　我在 70 年代对于黑格尔关于艺术终结解释，首先是从黑格尔辩证法出发的。宣称黑格尔的形而上学辩证法原则必然会产生艺术之死的观念，艺术之死的观念显示出其是建基在对于辩证原则的误用上面的。如果某人视辩证法作为黑格尔理解文化进化的关键要素，那么，这个系统则保留了无终结的变化的可能性。

刘悦笛　这的确是一种哲学上的误用，用我们的话来说，最终是黑格尔的哲学将艺术逼上了终结之路，或者说，这是黑格尔思想体系的推演不得不得出的结论，是他"自己逼自己"得出的结论。

卡特　还有更为现实的一点，在艺术终结的主题上面，黑格尔误解了主体性的浪漫型艺术和感性要素的分解问题，混淆了浪漫型艺术的转变与所有的艺术的归于死寂。

刘悦笛　这意味着，当黑格尔做出他置身其中的"时代的一般情况是不利于艺术的"这个判断的时候，更多是出于对当时浪漫型艺术的基本误解。我们都知道，喜剧发展到近代浪漫型艺术的顶峰的时候，艺术就按照黑格尔那著名的"三段论"开始走向终结。

卡特　的确如此，黑格尔认为，艺术是同宗教和哲学相关的，是心灵的一种活动，其目的是以某种感性形式对于精神的复归。通过历史的进化阶段，在这个世界上的精神的衰落得以出现。艺术的角色的转变，也是与这种历史变化相匹配的。

刘悦笛　从艺术、宗教到哲学，黑格尔横向地视哲学为艺术与宗教二者的统一，使作为知识活动的哲学成为艺术和宗教的思维之共同概念，又纵向地人为地安排这三者的环环相扣的发展，艺术和宗教在哲学中才发展为最高形式。

卡特 没错，在宗教中占统治地位的是内在的情感，哲学则是更高的理解形式，其显现了更高精神界的更完全的衰落，这对于黑格尔来说是存在的终极形式。从艺术、宗教到哲学，这三者精神活动的显现，它们都随着文化的进步而转变，最终指向了精神的更完满的显现。

刘悦笛 那么，如何理解真正历史的辩证法呢？

卡特 在黑格尔的时代，历史的辩证发展阶段，是这种视哲学为更高的显现精神的模式。然而，鲜为人知的是，黑格尔的辩证法是可逆的与非线性的，允许艺术取代哲学作为一种更充分的精神显现。

刘悦笛 但是，而今的美学状态变化了，20 世纪美学的主流则经历了"语言学转向"，分析美学占据了主导，艺术终结问题就是分析美学家提出的，在一定的意义上，它也是一个纯粹的分析美学问题。

卡特 当哲学聚焦于语言之谜的时候，它确实以一种分析哲学的形式开始出现，而不去理会人类存在的意义的关键要素，这其实是艺术去取得更大重要性的机会，这在 20 世纪不已经都发生了吗？

刘悦笛 接着我们来谈谈您的朋友丹托，其实，分析美学界是集体性拒绝阅读黑格尔与海德格尔之类的哲学家的。与当代哲学家马戈利斯（Joseph Margolis）谈话当中，他就曾以轻蔑的语气说海德格尔只能算一个聪明人（smart man），但丹托却反其道而行之……

卡特 在当代哲学家当中，只有丹托这样的少数人承认从黑格尔那里获得启示，特别是从《美学演讲录》当中受益匪浅。

他所寻求的是艺术史与当代艺术发展之间的关联。丹托在后来一系列的著述里面，不断地回到这个主题，比如在《艺术的状态》（*The State of the Arts*，1987）、《显现的意义》（*Embodied Meanings*，1994）、《艺术的终结之后》、《未来的圣母像》（*The Madonna of the Future*，2000）、《艺术的哲学剥夺》（*The Philsophical Disenfranchisement of Art*，1986/2005）还有其他地方都是如此。

刘悦笛　您曾说过，许多美学家们对于艺术的感觉是不同的，在一次美国的美学会上主张"艺术惯例论"的分析美学家迪基（George Dickie）就曾对您所聚焦的视频艺术嗤之以鼻，尽管他的艺术主张是很前卫的。也就是说，真正懂得当代艺术的美学家当中，丹托可能是佼佼者了。

卡特　的确如此，在美国的美学家当中，一部分人是拒绝当代艺术的，而另一部分人则试图从当代艺术中来发展美学，丹托和我都属于后者。

刘悦笛　那么，艺术终结究竟意指何方呢？

卡特　正如我已经所过的，"艺术之死"是来自于对于黑格尔的一种误解。在丹托的1994年出版的《显现的意义》当中，其中的"艺术终结之后的艺术"（Art After the end of Art）一文就否认了他与"艺术之死"观念的早期关联，从而代之以作为哲学问题的艺术终结观念。这似乎是没有问题的，丹托将自身与艺术之死分离开来的努力，与我前面所说的黑格尔没有提到艺术之死是相一致的。

刘悦笛　丹托后来出版了《艺术的终结之后》这本书，按照我给他所做访谈中的看法，是关于"艺术史哲学"的，是否他的艺术终结论，既是一种艺术哲学问题，也是一种艺术史哲学？我在自己的专著《艺术终结之后》中，特意将"艺术终结"与"艺术史终结"区分了开来，后者是德国艺术史家汉斯·贝尔廷（Hans Belting）提出的，时间也是1984年。

卡特 丹托对于艺术的重要途径，就在于他关注于艺术史，关注于如何将艺术与非艺术区分开来，如何看待艺术与哲学的关联。他将艺术史理解为一种叙事，关注于特定时期的艺术发展相关的叙事，关注于模仿当中的进步进化或者在艺术图像当中的世界呈现。

刘悦笛 这在丹托的得意门生大卫·卡里尔（David Carrier）那里得到了充分的发展，他的《艺术撰写》（*Artwriting*，1987）、《艺术撰写中的原则》（*Principles of Art History Writing*，1993）、《关于视觉艺术的撰写》（*Writing about Visual Art*，2003）等专著都是聚焦于此的。

卡特 必须看到，艺术史的终结，是同现代艺术一道来临的。现代艺术被视为一种状态，其中，艺术成为了面对某一对象的自我意识，该对象处于新的一系列的关系当中，并一部分区分于抽象，这是同模仿作为先前艺术史的特征相比照而言的。

刘悦笛 如果从艺术史终结谈到艺术史上的个案，就很难逃开杜尚的影响，尤其是他的现成品艺术，对于丹托终结观念产生另一个重要英雄的则是安迪·沃霍尔（Andy Warhol），他在1964 年以"布乐利盒子"为主题的展览，直接启发了丹托，尽管丹托是在整整 20 年后提出终结难题的。

卡特 艺术对于艺术史的关键性的转变，来自于对 20 世纪早期杜尚的现成品的理解，那些人造物品，如雪铲和小便器等，适当地被提供出来而成为艺术。同时，对于 20 世纪 60 年代沃霍尔的"布乐利盒子"的理解也的确非常重要，这个对象从知觉上难以同作为人造品的盒子区分开来。这些艺术有助于弥合了艺术与非艺术的边界，并在艺术史当中被得以新的理解。

刘悦笛 西方学者们提出了所谓的"不确定公理"，也就是说，艺术与非艺术的区分是无法确定的。由此推论，艺术家与非艺术家之间的区别是无法确定的，以前二者的区别在于前者创造艺术而后者不创造艺术，而今创造艺术的人与不创作艺术的人之间并无区别。德国艺术家约瑟夫·博依斯（Joseph Beuysin）就有句名言——"人人都是艺术家"！

卡特　按照丹托的解决方案，艺术史是作为一种特殊的历史现象而终结的。他的策略，是部分地来自于 1984 年的"艺术界的低迷状态"的观点，认为艺术史不能再与过去的艺术发展相互协调起来，艺术以激进的多元主义形式出现，从而成为了后历史艺术（post‐historical art）或后现代艺术（post‐modern art）。

刘悦笛　我并不同意您的意见，好像丹托只说艺术进入到了后历史的阶段，但从来没有用后现代的话语来说明艺术。他的艺术终结论被纳入到后现代主义当中，更多是后来者的误解吧，他主要还是一位秉承了盎格鲁—撒克逊传统的分析哲学家，而非法兰西"后学"思想的拥护者。

卡特　但无论怎么说，丹托的思想并不意味着，艺术将不再被生产出来。

刘悦笛　那么，艺术就如在黑格尔那里一样，终将被哲学所取代了？丹托似乎更多是通过对于柏拉图思想的阐释来达到这一点的。

卡特　丹托最先提出艺术成为了哲学，当现代艺术成为自我意识并反映了其自我意义的时候，艺术就成为了哲学。但是，他阐明说，这并不意味着，艺术从字面上成为了哲学，而只是通过从模仿到抽象再到观念艺术的转换而完成的，艺术遂而成为了对于自我的理解。

刘悦笛　那么，如何理解艺术与哲学的关系呢……

卡特　在这种关系上，丹托是始终追随黑格尔的建议的。例如，在黑格尔发言的历史时刻，当艺术成为精神的完满显露的时候，最好的艺术是作为艺术哲学而被表现出来的。

刘悦笛　我们如今如何来看待丹托艺术终结思想的内在矛

盾呢?

　　卡特　丹托所面对的主要是这样两个问题:其一,在一个后历史时期的激进多元主义时代,如何区分艺术与非艺术。其二,如何使得艺术的哲学理论可以阐明过去、现代和未来的一切艺术。

　　刘悦笛　这种激进多元主义的描述,的确与丹托对于艺术史不同阶段的划分是相关的。按照他的三分法则,整个人类艺术史从 1300 年开始分为三段,直到 1880 年是所谓"模仿的时代",从 1880 年到 1965 年则是所谓的"意识形态的时代",而后则是当代的艺术阶段。

　　卡特　的确,为了完成第一个目标,他将历史设定为特定的阶段,在其中,按照模仿艺术的共同主题去生产的艺术,是不同于 20 世纪的现代艺术的,更是与当代艺术的多元主义异质的。在当代艺术当中,似乎任何一种东西,都可以被视为艺术。

　　刘悦笛　按照丹托的观点,每个时代的艺术史叙事开始后,叙事不仅仅提供了特定艺术史时期的叙事,而且也提供了一种适用于所有来自先前时期之先前艺术品的艺术史叙事。这样说是什么意思呢?举例说明,比如表现主义与形式主义都是这样的理论,它们都宣称能够对所有先前的艺术史时期的作品进行评论并与之相适应。

　　卡特　这就涉及丹托的第二个目标,丹托似乎公开承认自己是一位本质主义者,他在寻求与黑格尔的普遍精神类似的等价物,寻求历史改变的基础,寻找理解无论是处于"前历史"的、历史的还是"后历史"的阶段的每一处艺术情境的钥匙。这种寻求的部分,使得丹托用一种深度阐释的理论能够去宣判——在风格变化的现象之下的艺术制造的不可通约性。

　　刘悦笛　这就涉及分析美学这五十多年来的争论——艺术是否可以定义?早期的分析美学更多从解构的角度否认艺术定义的

可能性，后来受到晚期维特根斯坦的哲学影响，分析美学家们更多地要给艺术一个相对周延的定义，尽管他们没有意识到其"语言中心主义"的缺失。

卡特 的确如此，丹托认为，艺术的普遍定义是可能的，这种定义与历史的颠覆并不是对立的，但是，这种定义接受了对于特殊的艺术情境的开放性。这种回答毋宁说来自哲学，而非来自艺术史。

刘悦笛 我个人更赞同丹托在1981年《平凡物的变形》一书给艺术所下的定义：艺术总与某物"相关"（aboutness）并呈现某种"意义"（meaning）。最主要的理由在于，这个定义具有普世性，如果将之置于跨文化的语境当中，我们就可以理解在非西方文化当中的各种艺术及其与非艺术的界限了。

卡特 从理想的角度看，似乎丹托的目的最好是在于为艺术提供必要和充分的条件，从而能够确定艺术作品。但很清楚的是，艺术的宣称并不足以告诉我们，什么是艺术，什么又不是艺术。没有来自艺术史上的先例可以有助于未来艺术的激进的新创造。

刘悦笛 最后您再总结几句……

卡特 丹托的贡献当中哪些是有用的呢？他提出了对于我们时代的艺术的丰富和深入的考量，从而使得我们可以去把握这种正在存在的多元主义。在所有在今天工作的美学家当中，他能很好地知晓艺术的过去与现在。他作为艺术批评家与哲学家的写作，对于阅读和深思今日的任何艺术都是具有启发性的。

刘悦笛 最后请问您是否赞同艺术终结论呢？我个人认为，艺术终结是"将来完成时"的，既然艺术并不是与人相伴而生的东西，那么，它就有可能不再与人相伴而终结，也就是说，艺术未来终有终结之时。而且从乐观的角度看，艺术终结之后则是生活的复兴，因为艺术已经回归到我们的生活世界了。

　　卡特　历史没有终结，艺术也没有终结，哲学仍有希望，就像黑格尔与丹托所完成的任务所显示的那样，哲学与伟大的心灵一样的长久。这就是我的观点。

　　（刘悦笛翻译，访谈时间：2007 年 11 月 4 日，地点：北京第二外国语大学宾馆）

"实用"与"桥梁"

——理查德·舒斯特曼访谈录之一

高建平等①

彭锋　我们今天很高兴请来了舒斯特曼教授,与他座谈关于实用主义美学问题。

高建平　舒斯特曼教授的《实用主义美学》是我与周宪先生组织的"新世纪美学译丛"的第一本,彭锋是这本书的译者。此套丛书收入了一些国外20世纪90年代出版的美学著作。

舒斯特曼　我所做的,是一种桥梁性的工作,将不同的东西联系起来。我将艺术与生活、审美与实践、高雅艺术与通俗艺术、分析哲学与大陆哲学等,联系起来,而这些在西方的现代文化之中是有明显区分的。因此,我对事物的联系感兴趣。《实用主义美学》这本书的出版,就有着一个关于联系的故事。当你说成为两者间的桥梁时,你必须尊重两者,我还想在实用主义与中国哲学之间造一座桥梁。美国哲学与中国哲学之间,具有很大的互动的潜力。第一,从地理学与人类学观点看,中国与美国都是大国,对于大的空间的感觉,能使我们找到共同点。第二,美国哲学既从欧洲哲学中汲取了营养,也深受其害。在许多年中,

　　①　2002年10月31日,高建平、彭锋、王柯平、章启群等人与时任美国费城坦普尔大学哲学系主任、当代实用主义美学的重要代表理查德·舒斯特曼教授进行了座谈。高建平,男,中国社会科学院文学所研究员;彭峰,男,北京大学哲学系副教授;王柯平,男,北京第二外国语学院教授;章启群,男,北京大学哲学系教授。

美国人不认为他们有权发明某种独创的思想。在哲学方面，他们没有发展自己思想的自信。中国与日本在现代所引进的西方哲学和西方美学，至少在学术圈里，占主导地位的是欧洲思想。其实，中国人可以发展出比欧洲哲学更强有力，更丰富、更多样的思想，这些思想包容性更为广阔，更能满足新的世界需要。米歇尔·福柯在访问日本时提到，很长时间以来，现代哲学史就是欧洲哲学史，但是，从发展的观点看，欧洲人不再是世界的领导者。欧洲哲学史可以供我们吸收许多东西，但是，新的生命的能量存在于中国和美国。中国哲学与美国哲学有不同之处，美国具有很少的传统，而中国有着古老而丰富的传统。在哲学研究中，前瞻后顾是非常有益的。我们要尊重传统与历史。在美国，新就是好，越新越好。这是基本的观念。但是，一些由历史所证明的东西，比新的东西更好。这是美国哲学需要向中国学习之处：既尊重传统，又尊重革新。翻译一些老一点的书，对于中国美学来说，也许更重要。一些 20 世纪 50、60、70 年代出版的书，现在仍在美国的美学讨论中占据着重要的位置。

高建平　我完全同意您的意见。我正想组织翻译一些在 20 世纪出现的，经过时间的考验证明在美学上起了很重要作用的书。

王柯平　一些美国的美学著作，曾给中国学者以深刻的印象。譬如托马斯·门罗（Thomas Munro）的《走向科学的美学》；在欧洲的现代美学论著中，阿多诺的《美学理论》，影响甚大。

舒斯特曼　你是本书的中译者，这是一本非常难译的书。你是从德文还是从英文译的？

王柯平　我从英文译，参考了德文，特别是一些术语必须参考德文。当时我在瑞士洛桑大学哲学系研修，导师叙斯勒（Ingeborg Schüssler）教授提醒我要特别注意阿多诺的行文方式。那是一种充满思辨的、反体系的、杂糅了马克思、康德、黑格尔等人诸多思想概念并加以批判反驳的写作风格，的确晦涩难译。

舒斯特曼 你将这本书译成中文，太好了。在美学上，阿多诺是一位非常重要的作者。过去，我的观点更接近阿多诺，而不是杜威。只是我回到美国以后，我的观点才有所转变。阿多诺很赞赏杜威，他在很多地方引用杜威的话。他对实用主义对手段和工具性的关注感兴趣，他将之与工业化缺乏目的联系起来。人们可以既关注手段，也关注目的。在实用主义美学中，对于杜威来说，绘画的手段，如颜色，也是绘画本身，是艺术经验的一部分。当然，阿多诺在德国仍具有很大的影响，比哈贝马斯的影响要大得多。

高建平 您在书中提到，实用主义美学始于杜威，又止于杜威，并说这是由于政治原因。对此您能否谈一谈？

舒斯特曼 我在该书的序言中提到了这一点。杜威的许多观点来自爱默生。按照西方的标准，爱默生不是一位哲学家，尽管按照中国的标准，他确实是一位哲学家。在某种意义上讲，他是一位"圣人"。他没有系统地论证他的观点，而是用诗一样的语言写作。杜威的几乎所有重要的观点，都可以从爱默生那里找到。因此，我认为，实用主义美学在杜威以前就开始了。杜威是第一个以系统的方式阐述这种观点，成为一本大书。关于为什么杜威的影响很快就被分析美学所取代，我想，有三个原因：第一是由于杜威的政治观点倾向于左翼，而在麦卡锡时代的政治气氛下，这种左翼的观点不受欢迎。第二是杜威的艺术观点比较保守。他不欣赏后印象派以后的任何艺术流派，对先锋派艺术持贬斥的态度。第三是他的论述远没有像分析哲学那样在大学课堂里受到欢迎。我想在这里提及的要点是，杜威在《艺术即经验》中说，通俗艺术没有被当作艺术来欣赏。但是，他却没有做出使我们欣赏通俗艺术的努力。因此，我的这本书不得不花了很大的篇幅讨论通俗艺术。仅仅有经验是不够的。他对经验很重视，我也是如此。但是，我认为，批评与阐释也很重要。他关于批评与阐释写得很少。他有一章的标题是"批评与知觉"，但是，批评的作用只是帮助人拥有经验。其实，批评与阐释还有另一个重要的作用，那就是，在文化上使艺术品的文本合法化。批评与阐释具有高等艺术的价值，如果人们对作品进行批评和阐释，就能够帮助人们欣赏作品。这也是我在这本书中花了很大的篇幅来分析通俗艺术，包括对它们进行细读的原因。论证为什么它们应被当作艺术来看，就必须做持续的艺术批评工作。这是实用主义的另一个层面，即从艺术作品的角度来讨论。这也是阿多诺曾做过的工作。

章启群　我很赞赏您的工作，特别是您对联系中国哲学与美国哲学的努力。我想许多中国哲学家们也是这样，试图建立某种联系。但是，中国哲学家们所做的，一般说来是将中国哲学与大陆哲学，特别是现象学，以及海德格尔的哲学联系起来，而您所做的，却是实用主义与中国哲学的联系。我想，这里是否有您个人的一些独特的看法？

舒斯特曼　我将美国的哲学作一个简单的描述。"美国哲学"与"哲学在美国"不同。"美国哲学"主要是指实用主义，"哲学在美国"主要所指的是分析哲学。在美国，现象学哲学家的人数要多于实用主义哲学家。这其中包括分析哲学和大陆哲学。因此，在美国，有很多现象学哲学家。海德格尔、梅洛—庞蒂很重要，一些后结构主义哲学家，如德里达和福柯，也很重要。实用主义的一些方面与现象学也很相似，不仅是杜威，还有威廉·詹姆斯，他们与现象学家们一样，对理解经验很感兴趣。实用主义与海德格尔也有很多相似之处，实用主义不将认识论当作哲学的中心，在笛卡尔之后，绝大多数欧洲哲学都将认识论当作哲学的中心，甚至现象学也是如此。海德格尔将"在"（Being）作为根本的问题，并不将怀疑主义看得很重要。在这一点上，他与实用主义非常相像。实用主义与现象学还有一个相似之处，这两者都对描述感兴趣。实用主义对为着某种目的进行描述更感兴趣，而这种描述可以和解决某些困惑和问题联系起来。我可以给你一个例子，也许这并不是对你的问题的回答。这是关于艺术定义的讨论。实用主义将艺术定义为经验，按照传统的关于定义的标准，是一个很坏的定义，因为许多艺术并不给我们审美经验，而一些给我们审美经验的东西又不是艺术。但是，当实用主义者认为艺术即经验时，他们不是将某种东西包裹起来，不允许任何改变。实用主义的做法与中国哲学相似，它尊重变化与运动。一个定义不是确定并由此永远摆脱某种东西，定义是帮助人们去看。杜威将艺术定义为"艺术即经验"，是帮助人们看到艺术中最重要的东西是什么。最重要的不是对象，而是你处理这个对象时的工作与对象给予你的经验。

章启群 我想问的是，为什么许多美国美学家所关注的，并不是实用主义美学？

舒斯特曼 分析传统的人不喜欢现象学与海德格尔。在美国，哲学领域两极分化，一极是分析哲学，另一极是所谓的大陆哲学。我认为，认同海德格尔与批判海德格尔的人都没有真正读懂他。我受的是分析哲学的教育。我的老师们告诉我，绝不要去读海德格尔，也绝不要去读黑格尔。他们说，如果我读了黑格尔，我的心灵就会变得很虚弱，如果读了海德格尔的话，其结果就会更坏，那就会与纳粹接近。因此，在我回到美国之前，我从不读黑格尔和海德格尔。回到美国，对于我来说是一个大的解放。我直到成为副教授以后，才开始读黑格尔和海德格尔。人们认为，黑格尔有着一个坏的名声，而海德格尔写的东西不清晰，没有逻辑。对于分析哲学来说，清晰很重要，尽管一些分析哲学家写得也不清晰。分析哲学家们将海德格尔当作一个魔鬼来使用，象征所有大陆哲学的坏处。所有这一切，都可追溯到过去英国与大陆之间的相互猜疑。大陆哲学家康德的思想构成了分析哲学教义的一部分，但是，一般说来，分析哲学家并不赞赏康德以后的欧洲哲学家。

王柯平　刚才谈到阿多诺。阿多诺十分看重美学，特别是适应新艺术发展的新美学。他觉得美学的发展单靠擅长逻辑思辨的哲学家不行，单靠随兴所至的艺术家也不行。现代美学的真正发展，有赖于既精通哲学又熟悉艺术的美学家或研究者。另外，在美学研究过程中，社会学方法也是不可或缺的。您的书努力将美学扩展到实践生活之中，这似乎又返回到希腊化美学的主题上了，正如您所用的一个词 somaesthetics（身体美学），这与人的衣食住行和身心健康联系在一起。托马斯·门罗在《走向科学的美学》中，也曾抱怨说，美学本应像文学艺术批评一样，如果能够关照公众从事各种艺术欣赏活动的审美需要，就会具有更为广阔的发展空间。

舒斯特曼　托马斯·门罗是《美学与艺术批评》杂志的创立者，在美国，他是创立几乎独立于哲学之外的美学学科的第一人。他结合了艺术批评与社会学，他担忧，美学学科设在哲学系，不能得到很好的发展。他想使美学变得更强大一些，阿多诺也是如此，他们都将注意力放在高雅艺术上。但这个限制太狭窄了。在当今世界，高雅艺术已经不再是审美能量集中的地方。绝大部分的审美能量不向博物馆和画廊汇聚，而是汇聚到通俗艺术、设计、广告，以及人们的生活艺术上。因此，为了使美学具有生命力，使美学繁荣，我们必须将审美的注意力放在审美能量与活动集中的地方。能量也意味着哲学批评。这是审美的世界指向。哲学可以帮助我们理解世界，并使这个世界变得更好。因此，有理解力的哲学家只是观赏博物馆里的艺术品，这是不好的，我们绝大部分的生活是处于博物馆之外的。

王柯平 关于身体美学，您提到了太极拳和瑜伽功，但这两种活动既与身体有关，也与灵魂有关，都是强调身心或灵肉兼修的。我想身体美学应当关乎身心两个方面的，不会有什么偏废一方的潜在可能性吧？

舒斯特曼 这很正确。为什么美学这个学科很重要，在这个学科中，将身体与心灵结合到一起了，aisthesis 的意思是"感觉"，我们通过身体的感觉器官来感觉，它同时也是"知觉"，与心灵有关。这也是亚洲哲学中的一个伟大的智慧。据我所知，中国哲学不像西方哲学那样有着非常强烈的关于身体与心灵的哲学与人类学的区分。在柏拉图的《斐多篇》中，它们是两个不同的东西。因此，在西方哲学中身体与心灵的问题是，怎样才能将它们两者解释为是一体的。对于我来说，这不是一个问题。这是我的心灵哲学与其他心灵哲学的不同之处。这也是我更多地将我的文章发表在美学杂志上的原因。我认为，问题不是心灵与身体怎样才能在逻辑上相互适应。对于实用主义者来说，它们本身就是在一起的，这不是问题。问题在于，你怎样使它们适应于、服务于更好的和谐，怎样才能改进这种整体。

高建平 您既谈艺术是经验，也谈艺术是实践。在中国，人们更倾向于将艺术与实践联系起来。这里有几个原因：其一，哲学传统，中国宋明时代的儒家哲学强调知行合一；其二，马克思主义实践观点的影响；其三，中国从20世纪50年代起，形成了一种"实践美学"的观点。

舒斯特曼 这是一个非常重要的问题。杜威也曾在一个地方提到，艺术是实践。艺术的确是实践。我认为杜威说艺术是经验是正确的，原因在于它引导人们去看某种新的东西。至于艺术是实践，它使人们局限于将艺术看成是某种已经实践了的东西。因此，那些还没有被实践了的，或者那些其中的部分还没有被实践了的，就会被人们说成不是艺术。由于艺术的实践在现代性中总是被理解为创造出某种更新、更现代的东西，因此，实践仅仅被等同于高雅艺术。用经验一词，意思是说，我们现在有了对艺术的新的理解。这种新的对经验的理解表明，艺术并非总是处于实践之中。将艺术定义为经验的价值在于，它也解释了实践服务于什么，实践的目的是什么。在某种情况下，将艺术定义为实践是更为重要的，而在某种情况下，将艺术想成是经验，而不仅仅是实践，也许会更好。因此，我不愿意说，艺术不是实践，我也不愿意说，杜威的艺术即经验是一个充足的定义。重要的是，考虑定义的目的。只用经验来为艺术下定义，是不够的。

高建平　实践更强调主动的行动、活动，而经验更强调接受了某种东西……

舒斯特曼　经验既包括做什么，也包括接受什么。对于实用主义者来说，当我们经验到什么时，不仅仅是某种事情对于我们来说发生了，我们在这件事中是主动的。杜威喜欢用经验这个词来为艺术下定义，正是由于它具有两个方面的意义，即你做了什么，什么对于你而发生了。"实践"这个词的问题恰恰在于，它太多地强调做、做、做，而艺术是某种对于你发生的东西。经验具有两面：一面是做，一面是接受；一面是感受，一面是感受对象；存在着经验，也存在着经验到了什么，可能是艺术品，也可能是花或树，也存在着经验的方式，即感受。经验这个术语结合了客观的与主观的观点，结合了经验到了什么与怎样去经验的，在审美经验中，这两种观点的结合是非常重要的。这种对经验的理解，主要是由威廉·詹姆斯和杜威发展起来的。在他们之前，传统的英国经验主义者将经验理解成被动的，相互之间没有联系的。他们的经验相当于感觉，相当于当人们看某种东西时所获得

的一些相互分离而独立的感觉。詹姆斯认为，经验是积极的，经
验最初是一个整体，只是后来，通过分析和批判性的思考，才将
经验分为部分。

新实用主义美学的视野

——理查德·舒斯特曼访谈录之二

彭　锋

彭锋　根据我的理解，您跟罗蒂的新实用主义（neo - prag-matism）有很大的不同，同时您也没有完全回到杜威。如果说杜威是原本的实用主义美学的代表，罗蒂是新实用主义美学的代表，那么是否可以说您是新新实用主义（neo - neo - pragmatism）美学的代表？我已经注意到您的一些同行将您称作新新实用主义和后后现代主义（post - post - modernism）。能否简单谈谈您同杜威和罗蒂之间有什么不同吗？

舒斯特曼　我不太喜欢新新实用主义这种说法，因为很别扭。我比较喜欢用新一代新实用主义（new generation of neo - pragmatism）的说法。您对实用主义美学的这种三阶段的划分是正确的。尽管我也是个实用主义者，但我与杜威、罗蒂之间仍然存在很大的差异。比较起来说，我的观点更接近杜威。

我们都知道，哲学一般分为理论哲学、社会—政治哲学以及美学。我想就从这些方面来比较我同罗蒂之间的差异。

在理论哲学方面：罗蒂主张一切都是解释；而我则认为在解释之下存在着原初感知，虽然它们可能有误，并且存在于无意识之中。罗蒂信奉一种文本主义，认为一切都是语言；而对我而言，语言并非一切，人类并非仅仅是掌握词汇的动物。罗蒂拒斥经验，而经验正是实用主义的核心概念。罗蒂希望一切都具备语言的明晰性；而我认为经验对哲学很重要，哲学并非仅仅是做出论述，经验不能完全用语言表达。在本体论上，罗蒂强调偶然性；而我认为偶然性之下存在着规律性。例如，天气是偶然性的，但是它还是有一定的模式的，有一定的规律可循。

在社会和政治哲学方面：罗蒂信奉新自由主义；我则信奉欧洲马克思主义或社会主义。罗蒂反对改革，认为人们只需要再仁慈一点就好了；但我认为只是做个慷慨大方的人是不够的。罗蒂将公共的与私人的严格地区别开来；而我不同意这种决然的区分。另外，罗蒂对社会科学持怀疑态度，文学是他的新宗教；而我认为社会科学是很重要的。很幸运的是，在法国时我曾见过布尔迪厄（Pierre Bourdieu），并向他学习了很多社会学的理论。哲学应当与社会科学合作。

在美学方面：罗蒂主张强势的解释，即阐释者可以随心所欲地对一首诗做出自己想要的解释。有时候这样做是可以的；但我认为那些更为开明和更善于倾听他人意见的解释也有其价值。罗蒂以新颖和独特作为美学标准；但我认为新颖和独特不必要非得走极端，我们的创造性也可以体现为对熟悉的事物略作改动。福柯也深受浪漫主义和现代主义的影响，渴望做些极端新颖的事情。其实相对较新也是可以的。同时，我也尊重普通的解释。我反对在创造和欣赏领域中走极端。我是个中道主义者。我跟罗蒂之间还有一点不同：我对快感很有兴趣，因此我也常常被批评为享乐主义者。我承认，快感并非是唯一的价值，但快感非常重要。英语中有很多关于快乐的词汇，其中就包括宗教愉悦。罗蒂则信奉痛苦，认为只有痛苦是不服从语言叙事的改变的，痛苦是人类经验中的基础经验。我想罗蒂所说的痛苦主要是一种精神痛苦。而我所说的快感与身体密切相关，在罗蒂的美学里，身体不起任何作用。

再来谈谈我和杜威的区别。我可以将它分为下面几点来谈：

（1）我同意杜威关于经验的重要性的观点。经验是他的哲学也是我的哲学的核心概念。不过，我们之间的区别是，我是一个分析哲学家，而杜威不是。我的文章写作风格是分析哲学式的，而杜威是经验描述式的。杜威的描述比较随意，不够确切，有时甚至有点累赘。我认为，就是对于经验，也可以采取非经验的分析方式来澄清。

（2）在对经验的看法方面，杜威强调经验的统一性，我则同时欣赏破碎的和不统一的经验。我写了一些关于说唱音乐（rap music）的文章，说唱音乐的乐音不是和谐的。我认为统一的经验有其价值，不和谐、不统一也有其价值。强烈的情感可以促进思考。不统一有助于表达社会情绪。在美国，少数民族的文化通常没有关于统一与和谐的体验，他们需要表达自己的愤怒情绪。

（3）我不同意杜威对艺术的定义：艺术即经验。我认为经验并非是定义艺术的好方式。我有个新的定义是：艺术即戏剧化。不过，我并不赞同对艺术给予定义。

（4）杜威从未就通俗文化著文，罗蒂也没写过，我则写了很多文章论述通俗艺术，肯定它们的价值。我的工作是以一种微妙的方式继续和发展着杜威的思想。

（5）我想我们之间还有一个区别是：杜威是完完全全的美国人，他的视角主要是美国的，虽然他也到过中国和日本。我则具有双重国籍：我是犹太人，出生在美国，但从未在美国大学里学习过。比起杜威和罗蒂来，我更加国际化，我对种族和民族更敏感。我写过自己的犹太教养的经历。

（6）身体经验：杜威和我都重视身体经验，杜威一直修习亚历山大技法，还曾撰写关于亚历山大技法的入门书籍。不过有一点不同的是：杜威未曾讨论性爱。我最近的文章写到过性爱。杜威是个信奉清教主义的美国人，他那个时代性爱是不能被谈论的。我们这一代人则不同，我认为性爱是经验的一部分，而且需要被谈论。在我早期的著述中，我没敢论述性爱这个题目，是担心人们会因此对身体美学形成一些歪曲的印象。不过即使现在我也常常因此受到批评和嘲笑，什么中年危机啦，太多的欲望啦，呵呵。

彭锋 您刚才提到，杜威和罗蒂都没有讨论过通俗艺术，而您则非常重视通俗艺术，从爵士乐、说唱乐、乡村音乐到美国的歌舞片，您都有非常有趣的解读，而且您认为迄今为止，只有您从美学上对通俗艺术进行辩护，其他作者更多的是从政治上替通俗艺术辩护，能否谈谈您为什么如此重视通俗艺术？通俗艺术与重视审美经验的实用主义美学之间究竟有何关联？

舒斯特曼 让我先从审美经验谈起吧。《生活即审美》的第一章就是"审美经验的终结"。单独看这个题目，人们会认为我在批判审美经验，其实我在倡导审美经验。实用主义美学最重视的就是审美经验。我所说的审美经验的终结，只是西方现代美学中所界定的那种作为无利害的静观的经验的终结，这种审美经验通常被认为是由高级艺术引发的。我认为这是一种伪审美经验。终结这种审美经验的目的，是为了唤起真正的审美经验，这就是在今天由通俗艺术所唤起的审美经验。

如果我们回顾一下西方美学史就不难发现，审美经验曾经是西方美学中一个非常重要的概念，而且这个概念在传统上与我们对于美的愉快感受紧密相关，这种愉快感受被认为是一种有价值的情感反应。但是，到了 20 世纪，尤其是在经历了两次可怕的世界大战之后，艺术家开始对美和审美经验的作用和价值产生怀疑，因为能够给人提供美和令人愉快的审美经验的艺术，对于终止战争的丑恶毫无作为。最有文化的和在审美上最发达的欧洲国家，在战争中也是最邪恶的和最具破坏性的。那些在战争中毫无怜悯和同情心的人，正是在审美经验中被感动得潸然泪下的人。

美和审美经验与文明社会的恐怖之间的合谋，使得艺术家们开始拒斥审美经验中的愉快情感。我们在达达主义运动中已经可以看到这种倾向。达达主义运动的重要人物特里斯坦·查拉（Tristan Tzara）曾经说："我有一种狂热的念头要杀死美。"马歇尔·杜尚（Marcel Duchamp）曾经写道：他的现成品艺术以及其他一些艺术创新，跟审美经验、愉快、感受、趣味等毫无关系。近来的当代艺术家喜欢在艺术中发表政治主张，他们也有这样的担心：如果他们的作品过于优美，过于令人愉快，人们就有可能被作品中的美和所产生的愉快经验所吸引，而不能充分关注作品中的政治信息。诸如此类的原因，再加上学者们通常强调要对作品进行理性的分析，使得美、情感和愉快经验等在美学研究中的地位不断降低。高雅艺术越来越关注观念、解释和智力游戏，而不再关注感觉感受和感觉经验。我将这种现象称之为"美学的麻木化"（anaestheticization of aesthetics）。

尽管通俗艺术也可以包含重要的观念和解释，但它更能复兴我们的审美经验，而且有助于恢复我们对高雅艺术的审美经验，因为通俗艺术从来就没有拒斥审美经验，而且总是直接和强有力地诉诸我们情感反应，诉诸我们的愉快。尽管通俗艺术的流行有赖于商业广告和市场运营，但它的最终目的是服务于我们的审美享受，它的成功主要建立在人们的审美享受的基础上。与某些高雅艺术不同，通俗艺术从来就不害怕承认，美、愉快和强烈的情感是值得它去追求的目标。这并不意味着这些目标与高雅艺术追求的智力目标水火不容，当然也不意味着通俗艺术在产生强有力的审美经验方面取得成功之后，通常会与智力上的重要洞见结合起来。许多通俗艺术一点也不好。我关于通俗艺术的立场是一种改良主义的立场，也就是说，在我看来，通俗艺术具备成为好的艺术的潜力，但需要更多的批评和关心才能充分发挥这种潜力。

彭锋　您是如此强调经验，可能与您主张将哲学作为一种生活艺术来实践有关。不过，在一般人看来，哲学是一种间接的反思活动，应该跟直接的生活实践保持距离，正如黑格尔所说的那样，密那瓦的猫头鹰只是在黄昏时才起飞，哲学反思是在生活实践结束时才开始的，如果真是这样的话，你的哲学作为生活艺术的观念似乎就不那么容易理解了。你能对此做些解释吗？

舒斯特曼　好的。对于那些将哲学仅仅理解为狭隘的学院学科的人们来说，我的哲学作为生活艺术的观念似乎有些新奇。那些学院哲学家们只是通过阅读和写作来研究哲学，只是将哲学严格限制在语言的领域之内，限制大学的围墙之内。然而，哲学作为生活艺术的观念实际上很早就存在了，在古希腊和中国文化中，都有这种哲学观念。生活艺术中的"艺术"一词有点模棱两可。艺术可以指任何技艺或知识形式，而无需与审美事物有特别的关联。在古希腊，我们可以发现一些将哲学作为生活艺术或者生活之道的观念，他们不是用审美价值来规定艺术的，而是用治疗来规定艺术，对灵魂的治疗和康复，让心灵从坏的欲望和习惯中摆脱出来，从错误的信仰中摆脱出来。不过，生活艺术观念中的艺术，也可以指一种与审美目的和价值有关的技艺或知识。我的哲学作为生活艺术的观念中的艺术，就包含这种审美维度。我认为哲学家应该通过研究和工作，让自己的人格和生命变得富有魅力，让自己成为美好生活的榜样。哲学家只有通过显示他们让自己的生活变得更有魅力，更有洞见，更为愉快，更为和谐，他们才能更有效地教育别人。这一点最好不是通过写作来证明，而是通过生活和人格来证明。这也是我之所以倡导身体美学（somaesthetics）的原因。只有当你的观点具体表现在你的行为和你的存在中的时候，你的观点才会变得更加可信。用这种具体化的方式来做哲学，实际上是非常困难的，也更费气力，因为说者容易做者难！要用这种具体的方式来进行可信的教导，你不能用你的著作来教育遥远的读者，你必须离开你舒适的办公室，长途旅行，让自己亲自出现在你的听众面前。这也是我在我的著作中译本出版之际，不远万里来到中国的原因。即使我有你这样好的译者帮助我用中文清楚的表达我的思想，但是如果我能够亲自来解释它们，如果我能够用实际经验来示范身体美学的某些训练和技巧，我的思想就会变得更加清楚。当然，我来到中国的另一个原因，是我能够从中国的传统中学到大量的东西。

在古希腊人那里，对美的爱和对善的爱是不予区分的，他们经常用"美的和善的"（kalon – kai – agathon）来赞扬具有美德的行为和性格。同样，儒家哲学也强调美、和与乐的审美维度，他们通过自我修养、教育弟子、助益社会来达到这种审美维度。孔子就强调"知之者不如好之者，好之者不如乐之者。"诸如诗、乐、礼（甚至舞）之类的审美实践，在孔子的教育中发挥了至关重要的作用，当我们适当地研究和从事这些审美实践的时候，就可以达到和保全社会的和谐。孔子还强调，君子不是通过道德戒律、威胁和惩罚来发挥他的力量，而是通过鼓舞人心的榜样和仁爱来发挥他的力量。"君子以文会友，以友辅仁。"这是因为人们都想仿效君子的有魅力的美德。这里，身体美学的问题再次进入了哲学作为生活艺术的构想。对自己身体的关注，通常会被认为在根本上是个人的甚至自私的，从而会与伦理和政治的更广大的社会目的相冲突。我认为这种看法在根本上是错误的。我们的身体不仅是由社会塑造的，我们的身体也对社会有所贡献。我们的身体像心灵一样，是公共的。身体常常是我们心灵相遇的地方。我能够通过你的身体表现看到你的所感所想，就像我通过你的言辞看到这些东西一样。而且，通过检查我自己的身体反应，我也能够觉察到我对你的心理回应。因为这些原因，在作为生活之道的哲学之中，身体美学可以发挥重要的社会和伦理作用。

古希腊哲学在某种程度上承认身体修养在生活艺术中所发挥

的作用，不过儒家传统让这一点变得更加清楚和充分。首先，儒家强调通过"动容貌"、"正颜色"、"出辞气"来展示美德，来实现社会和谐和美好政治。比如，孝不仅要求尽正当的义务，而且要求用正确的样式和正确的身体表情来行事。正如孔子所说的那样，"色难。有事，弟子服其劳；有酒食，先生馔，曾是以为孝乎?"其次，对身体的审美修养，可以为整个人格的修养提供媒介，让人在整体上变得更为优雅与和谐，这种有魅力的榜样有助于让整个社会变得和谐，让社会中的每个成员相互影响，相互激发，都达到同样的优雅与和谐。第三，儒家哲学强调，在生活艺术中，最有说服力的教导不是由夸夸其谈或理论文本来传达的，而是由教师的身体举止和优雅行为的无言的力量来传达的。教师通过他的人格榜样进行指导，这种人格榜样可以对他的言辞进行补充和解释。正如孟子所说，"四体不言而喻。"我还相信，在有关有魅力的生活方式的多元论和灵活性上，中国哲学与我的哲学作为生活艺术的构想也有共同之处。这种多元论承认审美生活存在不同的正当形式，但并不像相对主义那样，主张任何生活方式都是美的和有价值的。例如，就孔子来说，他的审美生活的理想就显得比较复杂，为了人格的完美，需要运用礼乐作为自我约束和自我发展的工具。相反，老子追求一种更为简朴的审美生活的理想，强调与自然和谐一致，不力图通过形式化的礼乐来约束自我。对于哲学的生活艺术来说，不可能只存在一种样式。我们的生活不可能从环境中孤立出来，不同的环境会形成不同的生活艺术。实用主义非常欣赏变化的环境，欣赏人们根据环境来调适自己的思想和行为。对于审美生活来说，一定会存在多元论，因为不同的个体具有不同的人格，他们有不同的自然的秉性或遗传基因，而且受到不同环境的塑造。尽管我们可以从美好生活的伟大榜样中学到很多东西，但我们必须在自己的天赋和环境条件下，努力实践自己的美好生活，努力将自己生活中审美和伦理层面整合起来。由此我们可以看到，尽管儒家非常尊重孔子，但从来没有将孔子当作一个严格的典范，去亦步亦趋地模仿他的每个方面，而是将他视为一种一般的榜样，根据变化了的环境去仿效他、解释他。这种根据变化的环境去适应或解释典范的观念，可以说居于"礼"这个观念的中心位置。

彭锋　您刚才提到，身体美学对于您的哲学作为生活艺术的构想非常重要，因为作为生活艺术的哲学最好是通过在场的身体示范来进行教育，而不是通过不在场的文字来进行教育。不过，对于中国的美学研究者来说，身体美学的提法仍然有些怪异。尽管中国美学界已经接受了身体美学这个说法，而且也有不少关于身体美学的文章，但对于您的将身体美学确立为一个美学分支学科的构想，大多数人认为是不太现实的。能否谈谈您所倡导的身体美学现在有何进展？

舒斯特曼　身体美学这些年有不小的进步。不过，首先我得指出，哲学作为一个学科来说，是非常保守的，对哲学领域中的东西的任何改变，都需要较长的时间。尤其大学里的哲学非常保守。考虑到身体美学是以身体为中心的美学，而哲学又一直对身体满怀敌意，身体美学这些年的进步的确是很大的了。在我最初创造这个术语的时候，我并没期望除了我自己以外还会有别人也用它。现在很多文章都用身体美学作标题，有些文章还是一些重要的哲学家写的。《美学教育》杂志 2002 年的一期中发表了好几篇关于身体美学的讨论，如《身体美学与民主》、《身体美学、舞蹈与教育》等。今年还有一篇文章，题目是《表演性身体美学》。此外，身体美学也受到了女性主义和性别研究的关注。

身体美学在哲学领域之外也有运用。有人在计算机设计方面运用身体美学的理论，设计出让用户的身体感觉更为舒适的界面。还有人运用身体美学的理论研究毒品的影响。

身体美学对研究和改善残疾人的状况也很有帮助。这里我要指出一个误解：人们常常以为身体美学是关于青春美貌的青年人的，实际上身体美学的主要目的是改善身体经验、提高身体功能。越是年纪大、身体虚弱、疾病缠身的人，越是需要身体美学。

我自己除了做大学的教授之外，还有一项工作是兼任费登克莱斯中心的培训师，我常常治疗一些在身体方面有问题的人。有一次一位83岁的老人来找我，他的膝盖有问题，站起来都非常困难。他看过很多医生但都没办法治愈。通常我们站起身时都是腿脚用力蹬地，然后借助这股力站起来。但这位老人因为膝盖的问题使不上劲。通过运用身体美学中的身心密切联系的观念，我仔细思索了一下，给他发明了一种新的站起来的方法：当他想站起来的时候，他可以先屈身向下，由于我们身体的大部分重量都是在上身，那么借助这个重力，我们的腿自然就会直立起来，而不会给膝盖造成太大的压力。

因为身体美学的一个主要分支是身体实践，所以身体美学的教授和学习大多是在工作室中进行的，而不是通过言谈或书面的讲课形式。真正的哲学应该是实践的哲学，我们应当返回这个优秀的传统。修身和自我的修养并非仅靠阅读，还需要实践练习。

关于身体美学这个术语还有个有趣的故事：大概是在80年代初，我应邀到瑞士去做讲座，那时我的关于身体美学的论文还没有出版，电子邮件也还没有使用，我预先给他们寄去了手写的"身体美学"（Somaesthetics）这个演讲题目，结果等我到那里看到会议安排时，上面写的是"一些美学"（some aesthetics）。呵呵，这样一想，身体美学这些年确实进展不小，这个20年前谁都没听说过的词现在已经有很多人知道了，并在很多领域得到了使用。

身体美学这个词本身也挺有意思的：美学aesthetics这个词中a是不发音的，所以很多英美学者在拼写美学时都用esthetics，不写 a，大家看杜威的美学论著中用的就是 esthetics。既然这个音根本就听不到，写它有什么用呢？现在和 soma 连在一块儿用，a 就被派上用场了。虽然这个词听上去并不很优美，但很有用，呵呵。

彭锋　您现在经常去世界各地演讲，对国际美学的发展趋势比较了解，能否谈谈您在这方面的一些感受？

舒斯特曼　事实上，我的国际学术生涯从学生时代就开始了。尽管我出生在美国，但我从来没有在美国接受大学教育。我在耶路撒冷的西伯来大学读的学士和硕士，在英国牛津大学读的博士。我从跨文化的旅行和研究中学到了不少东西，其中就包括外语。很遗憾也很抱歉，我现在还不会中文，不过这只是我第二次短暂访问中国。

关于国际美学的趋势问题，我不是这个方面的专家，尽管我经常出国讲演，我几乎不知道拉丁美洲和非洲的情况。不过，从我有限的角度来看，我发现有三个值得关注的倾向。

第一，全球化和英语不断增长的统治地位（传统上，德语和法语对于美学和哲学来说更为重要），使得英美哲学和美学变得比以前更为重要了，也许已经超出了它们应得的关注程度。由于英语出版物占据最大的国际市场，在体制上最有力的英语美学类型（如分析美学和范围相对较小的实用主义美学）在国际美学界的影响力变得越来越大。尽管我个人受益于这种趋势，我过去研究分析美学，现在又研究实用主义，但是我对这种趋势非常担心，因为这种趋势会导致我们忽视哲学和美学领域中许多非常有意思的作品，这些作品往往存在于非英语的语言之中，它们往往具有非常丰富和充满活力的哲学传统。许多英美的学者已经丧失了阅读其他语言的能力，而且他们在这方面已经不再做出努力。他们认为，如果某本著作不是用英文写成的或者没有被翻译成英文，这本著作就不会有价值，就不会那么重要。这是不对的。经常会因为翻译的困难而导致许多好的著作没有被译成英文，这里的困难不是经济上的，而是找不到好的译者，既懂外语又懂美学理论的译者。根据我对德文和法文的阅读经验，我知道有许多非常好的德文和法文的当代著作，它们还没有被译成英文，而且恐怕永远也不会被译成英文。

不过，还有第二个倾向。这个倾向与第一个倾向有点相左。在日本和中国的美学家中，有一种越来越强的兴趣，要复兴他们自己的美学理论传统和艺术实践传统。他们不再认为美学一定首先就是西方美学，不再认为最好的艺术一定首先就是西方艺术。尤其有趣的是，许多开明的西方艺术理论家和美学家正在得出同样的结论，他们开始越来越欣赏亚洲的艺术，越来越承认亚洲美学理论的价值了。尽管第一个倾向和第二个倾向有点相左，但是可能存在一个共同的支持这两种倾向的基础因素：这也就是说，这两种倾向都体现了传统的欧洲大陆美学旧有的霸权在衰落。

第三个趋势是，美学研究的兴趣变得越来越广了，远远超出了传统的美的艺术的领域。不仅兴起了自然美学和环境美学，而且出现了家庭美学和产品设计美学、日常生活美学、时尚美学、食品美学、化妆美学、体育美学等，这些美学中的许多领域都可以组合到身体美学的规划之中。这种走向开放的趋势，在分析美学中尚不显著，因为分析美学比其他类型的美学显得更为保守，分析美学倾向于更多地关注艺术哲学，关注艺术定义的问题，而不太关注审美经验，不太关注不仅如何更好地理解审美经验，而且如何更好地扩大审美经验在日常生活中的影响力和范围。不过，即使是分析美学，也不能抵制审美化（aestheticization）的力量。审美化已经广泛地渗透到了我们的文化之中、我们的生活世界之中。因此，在分析美学之中，也出现了一些更加开放的信号，开始关注环境美学以及其他一些超出美的艺术领域的话题。

文化多样性与跨文化美学研究

——艾琳·温特访谈录

程相占

[美学家简介] 艾琳·温特（Irene Winter），女，美国哈佛大学艺术与建筑史系教授，1967 年于芝加哥大学获东方语言与文学硕士学位，1973 年于哥伦比亚大学获艺术史与考古学博士学位。先后执教于哥伦比亚学院（1969—1971）、纽约城市大学（1971—1973）、宾夕法尼亚大学（1976—1988），从 1988 年开始任哈佛大学艺术系教授。1996—1997 年任剑桥大学艺术史 Slade 教授，1995 年至今任哈佛大学艺术系 William Dorr Boardman 艺术教授。1993—1996 年任哈佛大学艺术史系主任。发表了大量关于中东艺术史考古和美学理论方面的论述，主要著作有：《论古代近东艺术》（*On Art in the Ancient Near East*, 2009）。

程相占 温特教授，您好，非常感谢您接受这次学术对话。我 2006 年 8 月到达哈佛大学后，就认真查看《哈佛 2006—2007 年度课程指南》，目的是全面了解哈佛大学的课程情况和选修相关课程。您开设的《跨文化美学研究》一下子就吸引了我。

温特 谢谢你对于我的课程感兴趣。那个课程旨在研究美学这个学科在西欧 18、19 世纪的发展状况，在此基础上，重点考察那种美学观念如何运用到非欧洲的文化传统中。通过一系列的文献研讨，我希望每个学生都能挑选一个自己感兴趣的文化传统进行研究，从跨文化的角度考察诸如"美"这样的美学概念的有效性。

程相占　多年来，我主要从事中国美学史研究，现在，我又对于当代西方环境美学特别感兴趣。您知道，在 20 世纪初期，一些优秀的中国学者如王国维、蔡元培、梁启超等开始将美学介绍到中国。从那时开始，在西方美学的影响下，中国学者一直在研究一些基本美学理论问题，也一直在研究中国美学史。中国美学史研究正是一种"跨文化"课题。您发表了大量论著，最吸引我的是您发表于 2002 年的一篇论文，题为《为非西方的研究定义"美学"：以古代美索不达米亚为个案》①。通过查阅您的学术简历我知道，您还有两篇相关论文涉及这个问题，如 2001 年的《为非西方艺术定义"美学"》、2002 年的《西方美学与非西方艺术：以古代美索不达米亚为个案》。这三篇论文表明：西方美学与非西方艺术、非西方美学之间的关系是您学术思考的核心之一。

温特　我 1960 年大学毕业的专业是人类学，1967 年于芝加哥大学获得东方语言与文学硕士学位，1973 年于哥伦比亚大学获得艺术史与考古学博士学位。多年来，我致力于近东考古学、美学，一直在为古代美索不达米亚艺术史编年表。

程相占　为了便于讨论跨文化美学研究问题，我想首先向您请教一下您的论著使用的术语。第一个"文化接触"（Cultural Contact），您的《为群体认同建立界限：讨论文化接触的必要性》（2001）使用了这个术语。毫无疑问，自从人类有历史以来，文化接触就是基本的历史事实。正因为各种文化之间有接触，我们必须寻找适当的术语来描述这种事实。您似乎喜欢用"Cross – Cultural"（跨文化）这个术语，它多次出现在您的论著

---

①　In M. A. Holly & Keith Moxey, eds. , *Art History*, *Aesthetics*, *Visual Studies*, Williamstown MA：Clark Art Institute, 2002, pp. 3 – 28.

中，如《跨文化艺术史比较问题》（1997）、《美索不达米亚和印度崇拜中的意象：跨文化视野中的仪式实践》（1999）。但是，您也使用另外一个术语，"Trans – cultural"来表达近似的意思，如《跨文化概念：美索不达米亚美学》（1995）。实际上，中国还有学者使用"Intercultural"这个术语来表达类似的意思。按照我个人的理解，在"文化接触"这个语境中，"Intercultural"试图表明"文化间"的事实，"Trans – cultural"或许意味着各种文化背后的共同性，而"Cross – Cultural"或许意味着各种文化之间的比较。我的英语水平有限，请多指教。

温特 我想，这并不是个简单的英语语言问题，而是语言背后的观念问题。即使在英语世界，每个学者对于这些相关术语也有着不同的解释和理解。我只能根据我自己的理解来使用这些术语。按照我的理解，上面三个表达不同文化之间关系的概念互相缠绕，很难绝对区别开来。"Intercultural"指关系、连接，指不同文化之间的交流。例如，来自不同文化传统的人聚集在一起进行对话和论争，像我们现在正在进行的学术对话；"Trans – cultural"意味着在不同群体中发现共同文化现象，不同文化都可以提供一些不同要素，从而形成新的文化整体。比如，世界音乐正在成为这种意义上的跨文化活动，著名的英国摇滚乐团从印第安音乐中吸收了许多因素来创造自己的歌曲；而"Cross – cultural"意指向其他文化延伸。它并不仅仅是交换观念，也不仅仅是共享一种活动去达到共同的目的。它实际上涉及进入另外一种文化的生命之中，与那种文化的人民一道生活并向他们学习，并且在这个过程中改变自己。比如，一个美国人在非洲生活多年，某种程度上了解、接受了非洲的文化传统。我只能大概做这些解释，你可以有你自己的理解。其实，我们在使用这些术语时并不特别严格。通过辨析，可以使我们更好地理解不同文化之间关系的复杂性。

程相占　经过您的这些解释，我理解了您的课程《跨文化美学研究》为什么使用"Cross – cultural"一词。它的确意味着，原本产生于西方的"美学"观念及其概念系统，"延伸"和"进入"西方之外的其他文化传统，比如近东和中国。而进入那种文化传统之后，西方的美学观念必然根据那种文化传统的具体情形而进行某些调整。正因为如此，您的一项重要工作是"为非西方的美学研究而定义美学"，也就是根据非西方的文化传统的具体情况来调整、来重新确定"美学"的定义。我想这种态度和方法是谨慎而可行的，它可以在最大限度上避免西方美学观念对于非西方美学传统的曲解和遮蔽。

当我阅读您的《为非西方的研究定义"美学"：以古代美索不达米亚为个案》一文时，印象最深的是，您对于英国艺术理论家、油画家、版画家威廉·贺加斯（William Hogarth，1697—1764）的介绍。贺加斯从未进入西方哲学美学的主流，他的著作甚至被同时代人视为"理论歧途"，中国当代学者对他了解也不多。但是，从跨文化美学的角度看，这实在有点遗憾。因为贺加斯预见了审美标准和审美反应的文化差异。他曾经指出："黑人在其本国的女性身上能够发现大美"，而他们"在欧洲大美中则发现畸形，就像欧洲人看待非洲黑人那样"。这种观点非常独到，当代杰出学者罗纳德·保尔森（Ronald Paulson）在为贺加斯的《美的分析》（*The Analysis of Beauty*，New Haven and London：Yale University Press，1997）所写的导言中，发掘了贺加斯关于"风俗习惯的力量"这一论断，认为这一论断预见了后来的"关于文化多样性的人类学研究"。您受过正规的人类学训练，能否请您从人类学角度解释一下"文化多样性"（cultural diversity）这个术语的意义？

温特　文化多样性是一个新兴术语。联合国教科文组织于2001年通过了《联合国教科文组织关于文化多样性的普遍宣

言》，奠定了一种新的伦理基石，使得国际社会第一次有了一种
涵盖广泛的标准工具，巩固了尊重文化多样性和国际对话的信
念，确信文化多样性和国际对话是发展与和平最可靠的保证之
一。从半个世纪前联合国教科文组织成立开始，文化多样性一直
是国际社会关注的核心之一。2002 年 11 月采纳的《宣言》再次
证实了联合国教科文组织推动"文化丰富多样性"的一贯承诺。
对于更加开放和更富有创造性的 21 世纪而言，我们显然应该更
加重视文化交流和文化多样性。

　　程相占　据说，世界上共有大约 6000 种文化共同体和差别
明显的语言。这些差异自然导致了观念、价值、信仰和实践表达
的多样性。而所有这些多样性都有着同样的尊严，都应当受到同
样的尊重。其实，文化多样性是我们的日常生活现实，我们生活
在一个充满文化差异的社会当中。但是，同样真实的是：随着所
谓的全球化趋势的加剧，整个地球正在日益同质化。着眼于文化
多样性，我们可以提出一个充满矛盾的问题：全球化到底是机遇
还是威胁？2005 年 10 月 20 日，联合国教科文组织全体会议又
通过了《保护和促进文化表达多样性协定》。这一协定再次强化
了文化是"人类的共同遗产"这一思想，促使人们必须认识到：
保卫这份共同遗产是"一种伦理命令"，它"与尊重人类的尊严
密不可分"。因此，面对日益加强的文化接触和文化多样性这一
现实，必须反思我们美学研究背后的基本观念。

　　我这样说的意思是，有必要反思我们美学研究的学术前提。
众所周知，美学在 18 世纪的出现是西方文化的独特事件，世界
任何其他地方都没有类似的事件。"美学"这个术语首先由德国
哲学家鲍姆嘉通（A. G. Baumgarten）创造，他在 1735 年首先
将"美学"定义为"研究事物如何被诸感官认知的科学"，1750
年他又将这一定义调整为"自由艺术的理论，低级认知能力的
逻辑，用美的方式思考的艺术，理性类似物的艺术"。在其审美

著作中，他清醒地意识到，就像在艺术美作品中展示的那样，感性具有其自身的完美性，具有其自足的愉悦。鲍姆嘉通的学术使命是：在理性哲学独霸天下的学术语境中，研究区别于理性的、可以称为"模糊的清晰"的认知活动。

　　这就意味着，从历史角度说，"美学"是一种"地方性知识"，产生于特定的历史、文化、哲学语境之中。国际学术界目前有一个热门论题："地方性知识的普遍意义。"放在这个学术背景中我们可以追问：为什么本来是地方性知识的"美学"，在今天却具有了"普遍意义"？换言之，是否可能将"美学"这种地方性知识运用为一种普遍范式，去研究欧洲文化之外的其他文化样式，比如亚洲众多的文化传统？如果可能，其合法性根据何在？作为研究中国美学史的学者，我必须面对这个问题。

　　温特　我也遇到同样的困扰。从历史角度说，18世纪早期，英格兰和德国的著名思想家们已经开始研究美与艺术的本质。康德以后，美学主要研究特定的"美的艺术"（fine arts），诸如绘画、雕塑、建筑、诗歌和音乐。这些艺术样式与那些被称为技术性的、装饰性的手艺、技艺明显不同，前者被认为是高雅的，后者则被认为是低级的。到了19世纪，学术界认为审美反应必须满足如下一些条件：它们必须包括判断力的活动，特别是对于美的判断力；它们必须处于一种"无利害静观"的状态，在这种状态中纯粹地体验艺术作品，作品与任何情境、效用和预先概念分离。这样，美学坚守在"美的"艺术这一类作品上。"美的"艺术与被称为手艺的作品不同：后者的意义主要取决于它的实用性。

　　程相占　自从美学在20世纪初输入到中国以来，中国学者对于上述"经典性"命题比较熟悉，不加反思地接受这些命题，并将之运用到中国美学史研究中。然而，在过去十来年中，有些学者开始认识到，将西方美学理论普遍化而运用到非西方文化传统中，可能存在着不少问题。我注意到早在 1993 年，英国曼彻斯特大学有一场论争，论题是"美学是一个跨文化范畴"。这提醒我，或许存在着几种审美理论，而不仅仅是一种美学。

温特　显而易见，不要说全球范围内，即使单单就西方而言，也不只是一种审美理论。每个时代都有相关的论争，伴随着尖锐的互相对立和相互冲突。我可以通过解释 18 世纪西方美学史来支持你的看法。实际上，18 世纪的思想家们清醒地意识到存在着其他文化传统，诸如非洲、太平洋中南部诸岛、美洲和亚洲，只不过，那时还没有人尝试着从跨文化有效性的角度来发展审美理论。举例来说，大卫·休谟的文章《论民族性格》讨论过民族差异；他的《论趣味的标准》承认，世界上的审美趣味"有着极大的多样性"。休谟赞同文化价值的相对性，强调理想的个体要提纯审美敏感性，认为这些人能够排除其时代偏见而进入到其他文化价值中。他同时还坚持：存在着"一些普遍的鉴定原理，某些特殊的形式或质量"，它们由那些"高贵的天才创造"。这些原理、形式或质量是"超越的"。我想，他所说的"超越"，大概指超越历史和文化。

程相占　从休谟的例子我们可以发现，历史与超历史、文化语境与超文化意义之间，存在着一种辩证关系。简言之，也就是语境化（contextualization）和去语境化（de－contextualization）之间的辩证关系。一方面，我们应该对西方美学理论进行"语境化"，努力从历史事实的角度解释它的真实面貌；另外一方面，我们应当将之"去语境化"，努力提炼西方美学的普遍内核。让我们还以鲍姆嘉通作为例子。

鲍姆嘉通清醒地意识到，感性具有其自身的完美性，具有其自足的愉悦。而在他之前，哲学家沃尔夫（Wolff）已经将美与完善、完美的感官知觉联系在一起。但是，沃尔夫认为，感官知觉是一种混乱的、低级的理智活动形式。鲍姆嘉通重新改造了沃尔夫的定义，他敏锐地将美学定义为"通过感官而得到的完善、完美认知"，它并非概念化的产物。这一重新定义意义重大，使美学作为独立的现代人文学科成为可能。

面对这些历史事实，我们可以充分有理由地相信："aesthetic"一词的本来意义是"完善、完美的感官认知"或"感性呈现"，其反义词是"概念化"。因此，在不太严格的意义上，可以说"美学"研究的是"感官自身的完善、完美和愉悦"。这就是我们通过"去语境化"而提炼出来的美学的"本质"。我们可以自信地断言：任何文化传统都有一些事物与"感知及其完善、完美"或"感性呈现"相关，这些事物可以在"美学"的框架中进行分析研究。正是在这一点上，美学作为一个产生于特定语境中的现代独立学科，可以超越其具体的历史文化语境而获得"普遍意义"。

温特　你所说的正是我一直在做的。咱们都在对西方美学理论的起源进行语境化，我相信这项工作对于其他文化传统的美学研究具有重要意义。这样做使我们能够挑战西方哲学话语，挑战西方美学中一些习以为常的理论标准，从而超越西方主流美学理论的樊篱，切实地研究非西方的文化传统和艺术。我研究美索不达米亚艺术正是这样做的。因此，我们可以从绝对的艺术定义、绝对的美学定义中解脱出来，去研究非西方传统艺术，研究那些基于审美体验的非西方概念。

程相占　多谢您的富有启发性的解释。不过，坦率地讲，我不能接受您对于艺术和美学所下的工作性或操作性定义。您为"艺术"下的工作性定义是："人类产品，必须运用技巧、采用正确与否的标准。其部分功能是在视觉上、情结上感染受众。"在艺术定义的基础上，您将"美学"定义为：考察"人类产品的特性、对于它的投入和鉴赏性反应。这些产品必须运用技巧、采用正确与否的标准，其部分（并非全部）功能是在视觉上、情结上感染受众。"

温特 对。我们上面讨论过,西方美学产生于特定的历史时代,其概念范畴和理论判断带有一定的历史偶然性。我的工作性定义针对的是我的具体研究工作或科研对象,我试图避免将古代美索不达米亚艺术品强行纳入西方美学的理论范畴和价值判断中,特别是,我尽量避免"美"和"无利害性"(超功利性)这两个概念;与此同时,我试图保持我所相信的那些感性体验和判断的基本方面。作为学术对话,你不必同意我的观点,能否给我一些解释?

程相占 我非常赞赏您为自己的美学观念做出操作性定义,也非常赞同您保持"感性体验和判断的基本方面"的学术观点。我们两人都同意,"感性体验和判断的基本方面"是美学研究的核心。我觉得您的美学定义受当代美学观念影响很深。我们知道,当代西方美学几乎完全等同于"艺术哲学",您正是着眼于艺术来定义美学的,甚至把艺术的定义作为美学定义的先决条件。这是我所不能同意的。关键原因在于,我认为美学研究的领域要比艺术宽广得多。就像新兴的环境美学所显示的那样,各种环境也是人类的审美对象,审美对象不限于艺术品。从我们今天讨论的主题"跨文化美学研究"的角度来说,我认为中国传统美学的焦点并不在于作为"人类产品"的艺术,而在于自然环境审美。

考虑到环境美学和中国美学传统,我在思考美学的工作性、操作性定义时有三个要点:第一,定义的出发点应该是"美学"的本来意义,正如我们前面讨论过的,是那些与"感知及其完美"或"感性呈现"相关的事物,是"感性体验和判断的基本方面"。正是这一点保证了美学的普遍意义。其次,美学的操作性定义应该能够跨文化运用,而且,运用时不能遮蔽其他审美传统的独特性。最后,从我的专业角度出发,这个定义应当有助于发掘中国传统美学的精微之处和民族特征。

　　基于上述原则，我从研究对象的角度来为美学下定义：美学是现代学科体系中研究人类审美活动的人文学科之一。审美活动指：通过多种感官，从事物的感性形态或属性，感受意味、体验意义、启悟价值理念的人类活动。我真诚地希望得到您的指教。

　　温特　非常遗憾，我对于中国传统文化和美学注意不够。能否请你解释一下你的工作性定义？

　　程相占　我的关键词是"审美活动"，中国古典诗词中有很多描述审美活动的例子。我最喜欢嵇康《赠秀才入军》中的四句："目送归鸿，手挥五弦。俯仰自得，心游太玄。"诗歌描绘一位高士在一个特定的环境、一种特定的心灵状态下，调动全身的诸多感官共同参与，进行着一种特殊的"活动"："目送"、"手挥"、"俯仰"、"心游"。这里的"俯仰"正是中国古代环境感知的典型模式："仰观俯察。"我觉得这四句诗是对于我所说的"审美活动"的最佳描述。这样的例子在中国古典诗词中可谓不胜枚举，如王维的《终南别业》所叙述的"行到水穷处，坐看云起时"，苏轼《定风波》中所描绘的"莫听穿林打叶声，何妨吟啸且徐行"。这些例子传达了中国传统的生命理想和对于最高精神境界的追求。我认为，中国美学史的主要研究对象是这些包含着丰富历史文化信息的审美活动，而不是通行的美学史著作所研究的艺术品。

　　温特　你的解释让我联想到印度审美理论。印度审美理论与西方美学理论非常不同，它坚持，体验和判断必然基于预先的体验和学识，因此，我们不能得到未加工的、没有被先行概念塑造的感官反应。许多从事印度艺术研究的西方学者，忽视了美学中那些与西方用法不同的方面，忽视文化的地域差异。很少学者认真比较西方和印度或其他非常发达的亚洲传统，很少根据相似性或差异性来研究东西方的审美本质观念和审美体验观念。我希望你的中国美学史研究能够对此有所贡献。

程相占　多谢鼓励。我还想与您讨论另外一个话题，"全球文化生态系统与本土审美体验"。通过对这个话题的讨论，我想考察中国传统美学在全球审美生态系统中的位置。文化多样性的现实表明，地球上的所有文化样式都共存于同一个全球性的文化生态系统之中。我使用"文化生态系统"这个术语，旨在强化我们应该根据生态学的平等精神，平等地尊重所有文化样式，因为生态系统中的每个成分都对于生态系统发挥着作用。每个人都生活在特定的文化传统中，并被特定的文化传统所塑造。因此，严格说来，任何审美活动都充满着丰富的文化信息，全球文化生态系统包含着全球审美生态系统。

温特　情况正是这样。早在 1993 年"美学是一个跨文化范畴"的论争中，有两位学者坚持：审美体验无法、也不应该与文化分离。他们的结论是：必须按照本土术语来描述感官体验与价值观念之间的关系，使用当地的判断标准和价值尺度。当然，他们也为西方美学留下余地，比如，他们也充分考虑到西方的非功利性美学观念。但是，他们思考的重点却是考察"本土美学"的可能性。

程相占　我对于"本土美学"观念很感兴趣。其实，没有哪一种美学不是基于本土审美体验的"本土美学"。我觉得地球上所有的"本土美学"可以构成一个"全球审美生态系统"，它意味着，我们应该没有偏见地尊重每种审美活动。

不过，我还有另外一个想法。2005 年我发表了一篇论文，《生态智慧与地方性审美经验》，试图解释审美体验的地方性和普遍性之间的辩证关系。我的做法是分析审美体验的深层结构。任何审美活动都有三种基本要素：对象的外部感性形式或感性特征，人类诸感官的感性反应，超越性的观念。三种要素之间密切的、动态的、活跃的交互作用，形成了我所说的"审美体验的深层结构"。因此，某种程度上，我设想的理想审美理论是那种具有普遍理论意义的"本土美学"。

    温特   这个问题就比较复杂了。我想，是否可以构建一种普遍性美学？这是一个开放性问题。我们将来可以继续探讨。

    程相占   谢谢您。我期待着再次向您请教。

    （由程相占翻译和整理，访谈时间：2007 年 7 月 9 日，地点：哈佛大学艾琳·温特教授办公室）